Fifty Quick Ideas To Improve Your Tests

ソフトウェアテストを
カイゼンする
50のアイデア

Gojko Adzic、David Evans、Tom Roden 著
山口鉄平 訳

本書内容に関するお問い合わせについて

このたびは翔泳社の書籍をお買い上げいただき、誠にありがとうございます。弊社では、読者の皆様からのお問い合わせに適切に対応させていただくため、以下のガイドラインへのご協力をお願い致しております。下記項目をお読みいただき、手順に従ってお問い合わせください。

●ご質問される前に

弊社Webサイトの「正誤表」をご参照ください。これまでに判明した正誤や追加情報を掲載しています。

正誤表　　　　　https://www.shoeisha.co.jp/book/errata/

●ご質問方法

弊社Webサイトの「刊行物Q&A」をご利用ください。

刊行物Q&A　　　https://www.shoeisha.co.jp/book/qa/

インターネットをご利用でない場合は、FAXまたは郵便にて、下記"翔泳社 愛読者サービスセンター"までお問い合わせください。
電話でのご質問は、お受けしておりません。

●回答について

回答は、ご質問いただいた手段によってご返事申し上げます。ご質問の内容によっては、回答に数日ないしはそれ以上の期間を要する場合があります。

●ご質問に際してのご注意

本書の対象を越えるもの、記述個所を特定されないもの、また読者固有の環境に起因するご質問等にはお答えできませんので、あらかじめご了承ください。

●郵便物送付先およびFAX番号

送付先住所　　〒160-0006　東京都新宿区舟町5
FAX番号　　　03-5362-3818
宛先　　　　　（株）翔泳社 愛読者サービスセンター

FIFTY QUICK IDEAS TO IMPROVE YOUR TESTS
by Gojko Adzic, David Evans and Tom Roden
Copyright © Neuri Consulting LLP
Japanese translation published by arrangement with
Neuri Consulting LLP through The English Agency(Japan) Ltd.

まえがき

　本書は、ソフトウェアのテストをよりよく、より容易に、より早く行うために役立つ一冊です。

　本書は、著者らが Web 業界の小規模なスタートアップ企業から世界最大級の銀行組織まで、多様なクライアントとともに、さまざまな状況で活用してきたアイデアを集めたものです。

　これらのアイデアは、テストの設計や実行において、チームメンバーのより緊密なコラボレーションを助けてくれることでしょう。また、本書で紹介している多くのアイデアは、ソフトウェア製品の主要な期待を定義したり、品質を向上したりするために、ビジネスのステークホルダーをチームへ巻き込むことにも役立つはずです。

本書について

本書の対象読者

　本書は、短い反復という厳しい時間的制約のもと、ユーザーストーリーに基づく計画や頻繁に変更されるソフトウェアのテストを行い、反復的にデリバリーを行う環境で働くクロスファンクショナルなチームを主な対象としています。対象読者は、ソフトウェアテストの基本をしっかりと理解し、テストおよびテストに関連する活動の改善方法についてアイデアを探している人々です。

　本書で紹介するアイデアは、テスター、アナリスト、開発者など、さまざまな役割の人に役立つはずです。短い反復サイクルあるいはフローベースのプロセスに適合するように作業をより適切に整理する方法、およびチームがテスト活動をより適切に定義および整理する方法に関するヒントを見つけることができるでしょう。

この本の対象外読者

　本書は、ソフトウェアテストの基本をカバーしているわけではなく、また、ソフトウェアの品質を検査および改善するためにチームが行うべきすべての活動を、完全に分類し、その分類を提示するものでもありません。本書はソフトウェアテストに関連する活動を改善するための本であり、基本を学ぶための本ではありません。

　本書は、読者が、探索的テストと自動テスト、単体テストと統合テストの違い、およびテストを定義するための主要なアプローチについて知っていることを前提としています。要するに、この本はテストについてあなたが読むべき最初の本ではありません。世の中にはよい基本を学ぶための書籍が数多くあります。最初にそれらを読んでから戻ってきてください。

本書を読んで、基本的な内容が省略されていることにがっかりしないでください。1冊の本に収められる範囲は限られていますし、基本的な内容を扱っている書籍はさまざまな人々が執筆しているのですから。

内容はどのようなものですか?

　タイトルどおり、本書には50のアイデアが含まれています。それらは大きく4つの章に分類されています訳注1。

- **Chapter 1「テストのアイデアを生み出す」**：この章では、チームがステークホルダーとニーズや期待に関するより生産的な議論を行うための活動を扱います。この章のアイデアは、手動テストと自動テストに同じように適用でき、探索的テストを改善するためのインスピレーションを探している人々に特に役立つはずです。

- **Chapter 2「適切なチェックの設計」**：この章では、自動化しやすい、適切な決定論的チェックを定義することを扱います。この章のアイデアは、テストと仕様のよりよい具体例を選択することに役立ち、特に、受け入れ基準を Given-When-Then の形式で作成するのに役立ちます。

- **Chapter 3「テスト容易性の向上」**：この章では、ソフトウェアの観測と制御を容易にし、テストの信頼性を向上させ、自動化したテストコードの管理を容易にするため、アーキテクチャやモデリングに関する有用なトリックを扱っています。これは、複雑なアーキテクチャ上の制約により信頼性の低い自動テストに苦しむチームに特に役立つはずです。

- **Chapter 4「大規模なテストスイートの管理」**：この章では、反復的なデリバリーの長期的影響に対処するためのヒントと提案を提供します。その中で、テストケースの大規模なグループを整理して管理と更新を容易にする方法、および個々のテストの構造を改善してメンテナンスを簡素化し、頻

訳注1　日本語版では、訳者により、5番目の章として CI/CD 関連を中心に5つのアイデアを追加しました。

繁に変更されるソフトウェアとテストの同期を維持するためのコストを削減するアイデアを見つけられるでしょう。

各章には、5、6年前[訳注2]から私たちがチームで使用したアイデアが含まれており、チームがテスト活動をより適切に管理し、反復的なデリバリーからより多くの価値を得ることに役立ちます。ソフトウェアのデリバリーは状況によって極めて異なるものであるため、あなたの状況に当てはまる話もあれば、当てはまらない話もあります。この本で紹介するすべての提案は実験方法の一種として扱ってください。

他のアイデアはどこにありますか？

1冊の本の中にはそれほど多くのスペースはなく、説明されているアイデアのいくつかは、それだけで1冊の本に値するものもあります。さらなる研究のための参考文献や、より詳細な研究を行う際に有用な情報を、巻末の「参考文献」に多数記載しています。本書を電子媒体で読んでいる場合、関連するすべての本と記事はクリック可能なリンクになっているはずです。

本書を紙媒体で読んでいる場合はもちろん、文字をタップしても意味はありません。長いハイパーリンクを入力する手間を省くために、以下に示すWebサイトで、すべての参考文献をオンラインで提供しています。

- https://fiftyquickideas.com/

アイデアについて、より詳しい情報を得たい、さらなるヒントを得たい、仲間と経験を語り合いたいという人は、ディスカッショングループ「50quickideas」にご参加ください。

訳注2　原著は2015年に出版されたため、2009年もしくは2010年頃のことです。

この本は、反復的なデリバリーにおけるさまざまな側面を改善するため書籍シリーズの一部です。もし反復的なデリバリーの改善に興味があれば、http://www.50quickideas.com でシリーズの他の本をチェックしてみてください。

目次

Chapter 1 テストのアイデアを生み出す　　13

Chapter 2　適切なチェックの設計　71

Chapter 5 日本語版追記アイデア 237

Chapter

1

テストのアイデアを
生み出す

関係者と品質に関する全体像を定義しよう

```
        SUCCESSFUL
          USEFUL
          USABLE
      PERFORMANT
          SECURE
      DEPLOYABLE
   FUNCTIONALLY OK
```

　品質は、特定が難しいことで有名です。ユーザーは主に、速度や使いやすさなど、外部から観察可能な性質に注目します。また、ビジネスのステークホルダーは売り上げや利益に注目します。開発者は内部コード構造に主な関心を持っています。そしてテスターはそれぞれの立場の目線になって、すべての注目や関心を結びつけようとします。

　非常に多くの、異なるレベルの品質および視点があるため、しばしば意見の不一致につながります。ユーザーがバグとして考えることは、開発者にとっ

ては改善要求になるかもしれません。ある人が重要だと考えていることが、他のグループの人が管理する重要事項の一覧にすら出てこない場合もあります。これが理由で、ソフトウェア製品では重大に見える欠陥がなぜか数カ月間放置されたり、バグトラッキングツールに登録された欠陥が同じ問題の再通知を防ぐためだけに使われたりすることもあるのです。

このことは、デリバリーチーム^{訳注1}の人々がソフトウェアに多くの「技術的負債」が含まれていることを知っている場合であったとしても、ソフトウェアを顧客にリリースできる理由でもあります。このような状況はテスターと開発者の間に分裂的な雰囲気を作り出します。テスターは、開発者が自分たちの意見を聞いてくれないと感じているし、開発者は、テスターが重要でない問題を細かく確認していると感じているのです。ビジネスのステークホルダーは、時間が迫っているときにデリバリーチームがソフトウェア製品にメッキを施していることに憤慨し始め、デリバリーチームは、ビジネスのステークホルダーが持続不可能なデリバリーのペースを主張していることに憤慨し始めます。これらの不一致は、顧客と直接接触していないデリバリーチームにとって特に問題となります。

このような誤解を引き起こしているのは他のグループが無知なせいだ、と非難するのは簡単ですが、本当の問題は、人々は品質について単純な見方をしていることが多く、全体像をほとんど見ないことにあります。この誤解に対するよい解決策は、さまざまなグループが合意できる品質の多層的で多面的なビューを作成することです。

多くの状況で比較的うまく機能するモデルの1つに、マズローによる、人間の欲求階層説に基づいたものがあります。有名なマズローの階層は、人間の欲求を、最下層の基本的な機能(食べ物、水など)、安全(個人の安全、健康、経済の安全)、愛と帰属(友情、親密さ)、そして中間レベルの尊敬(能力、尊敬)、最上位の自己実現(自分の可能性を実現する)のピラミッドとして列挙しています。

訳注1　開発者とテスターで構成される、フィーチャーを顧客へ提供するチームのこと。

欲求階層説の前提は、下位層の欲求が満たされない場合に上位層の欲求を無視することです。例えば、人が十分な食べ物、親密さ、尊敬を持っていない場合、食べ物が最も差し迫った欲求となります。

また、もう1つの前提として、ピラミッドの下位層で欲求を満たすと、ある時点以降のリターンが減少することが示されています。必要以上の食べ物を食べると肥満になり、必要以上に空港のセキュリティを厳重にすると不便になります。私たちの生活の質は、下位層の欲求が満たされたあと、上位層の欲求を満たすことによって向上します。

他のモデルと同様に、このモデルは抽象化されており、あらゆる種類の例外を簡単に見つけることができますが、一般的には状況を比較的よく捉えています。ソフトウェアについても同様のことがいえるのです。

欲求のレベルの違いをソフトウェアの品質と類似させることで、ソフトウェアの品質レベルを次のようなピラミッド状にすることができます。

1. それはすべて機能するか、主な機能、主な技術的品質は何か？

2. それはうまく機能するか、主要なパフォーマンス、セキュリティ、スケーラビリティの側面は何か？

3. それは実際に使えるか、主なユーザビリティシナリオは何か？

4. それは役に立つか、実際の作業で役立っていることを示す指標は何か？

5. それは成功したか、実行する価値があることを示すビジネス指標は何か、財政的制約の範囲内で運営されているか？

このようなピラミッドは、チームが各レベルで受け入れ基準を定義し、グループ全体が品質に関する共通の合意を作成するのに役立ちます。

主な利点

　品質のさまざまな側面を共有して視覚化することで、すべての人々にとっての全体像を描きやすくなります。そして人々は、すでに十分なレベルまでリスクが軽減されている側面を改善するために多くの時間を費やすことを避けられます。同時に、誰もが重大な問題とは何かを理解するようになります。ピラミッド内のいずれかが壊れている場合、それがどのレベルにあるかに関係なく、かなり深刻な問題となります。

　ピラミッドの高レベル（役立っていることを示す指標、利用シナリオ、運用上の制約など）は、開発中に完全にテストできない場合がありますが、適切な解決策を設計するための有用な状況を提供し、探索的テストのセッションに役立つかもしれません。

それを機能させる方法

　すべての人々による全体像を作成する目的は、さまざまなグループ間で期待を調整することです。したがって、開発者、テスター、アナリスト、およびビジネスのステークホルダーの中から、クロスファンクショナルチームとしての代表者を集め、その人々で全体像を作成することが理にかなっています。

　各グループの上級代表者を部屋に集め、大きなホワイトボードにピラミッドを描きましょう。次に、各レベルに付箋で期待を書き加えてもらいます。15 分または 20 分後、あるいは、人々のアイデアが出つくして議論が止まってしまっている場合は、メモに目を通し、期待を定量化してみてください。例えば、誰かが「人々はドキュメントをすばやく作成できる」を第 3 レベルに追加した場合、「すばやく」が実際に何を意味するかを一緒に定義しましょう。

私たちは、このようなピラミッドをマイルストーンごとに作成して、次の
3 カ月から 6 カ月に行う作業の指針とすることを好みます。付箋には、低レ
ベルのアクションではなく、包括的な基準や主要な活動という、比較的高レ
ベルな項目を記述すべきです。考えられるすべてのテストケースを網羅する
ことを避け、あとでより適切な低レベルの決定を下せるようにする幅広い理
解に焦点を合わせます。

フィーチャーではなく、ケイパビリティ（能力）を探索しよう

　ソフトウェアにフィーチャーが実装され、探索的テストのための準備ができたら、新しいユーザーストーリーまたは変更されたフィーチャーに基づいて、探索的テストのセッションを行うことは理にかなうことだといえます。しかし、直感に反するように聞こえるかもしれませんが、ユーザーストーリーに基づいた探索的テストのセッションは、視野狭窄の罠につながり、チームは最大限の成果を得ることができません。

　ユーザーストーリーとフィーチャーは、優れた決定論的チェックを考え出すための確かな出発点です。ただし、探索的テストにはあまり適していません。探索的テストがフィーチャー、またはユーザーストーリーによって提供される一連の変更に焦点を当てている場合、人々はそのフィーチャーが機能

するかどうかを評価することになり、道から外れることはめったにありません。ある意味で、チームは最終的に彼らが期待するものを証明することになります。

　予期しないことや未知のことを発見する場合に、探索的テストは最も強力です。このためには、余分な観測や洞察を許容し、予期しない発見を中心に新しいテストを設計する必要があります。これを実現するために、探索的テストをフィーチャーだけに集中させることはできません。

　優れた探索的テストでは予期しないリスクが発見されますし、そのためには現在の作業範囲を超えてテストする範囲を検討しなければなりません。一方、テストの焦点がぼけるため、網をあまり広げることはできません。より広い範囲と焦点のバランスを取る調査のよい視点は、ユーザーのケイパビリティ（能力）に関するものです。フィーチャーは、ユーザーに有用なことを行うケイパビリティ（能力）を提供したり、ユーザーが持つ危険または損害をもたらすケイパビリティ（能力）を取り除いたりします。予期しないリスクを探すよい方法は、フィーチャーを調べるのではなく、関連するケイパビリティ（能力）を調べることです。

主な利点

　フィーチャーではなくケイパビリティ（能力）に焦点を当てて探索的テストを行うと、より深い洞察が得られ、視野が狭くなることを防げます。

　よい具体例は、かつて私たちが MindMup[訳注2] 用に作成した問い合わせフォームです。関連するソフトウェアのフィーチャーは、ユーザーがフォームに入力したときにサポートリクエストが送信されることでした。フィールドコンテンツの長さ、メール形式、名前やメッセージの国際文字セットなど、複数の軸でフィーチャーを探索できましたが、最終的には、フォームが機能することの証明のみに注目しました。少し網を広げて、問い合わせフォームに関連する 2 つのケイパビリティ（能力）を特定しました。

訳注2　Web 上でマインドマップが作成できるツール。https://www.mindmup.com/

フィーチャーではなく、ケイパビリティ（能力）を探索しよう

- トラブルに遭遇したユーザーが、私たちへ簡単にサポートを依頼できなければならない。また、私たちは、彼らを簡単にサポートし、彼らの問題を解決できなければならない

- 誰もが、意図的または意図的でない誤用によって、他のユーザーの連絡チャネルをブロックまたは遮断できないようにしなければならない

　私たちはこれらのケイパビリティ（能力）を探索的テストセッションの焦点として設定しました。これにより、トラブルに遭遇したユーザーが依頼する問い合わせフォームのアクセシビリティと、典型的な問題シナリオの報告のしやすさを検証できました。その結果、私たちは2つの非常に重要な洞察を発見しました。

　1つ目は、トラブルの主な原因が最初の解決策ではカバーされないということでした。サポートリクエストの大半の原因は、不安定で信頼性の低いネットワークアクセスであり、ユーザーのインターネット接続がランダムにダウンした場合、フォームに正しく入力されていても、ブラウザーがサーバーに接続できないことがありました。誰かが突然完全にオフラインになった場合、問い合わせフォームは実際にはまったく役に立ちません。これらの状況はいずれも理想的な世界では発生しないはずですが、発生した場合は、ユーザーが実際にサポートを必要としていました。そのため、このフィーチャーは正常に実装されましたが、それでも大きなケイパビリティ（能力）的なリスクが残っていました。そこで、ネットワークにアクセスできない場合の代替連絡チャネルを提供することにしました。代替の連絡先メールアドレスをフォームに目立つように表示し、フォームの送信に失敗した場合はエラーメッセージにも繰り返し表示しました。

2つ目の大きな洞察は、人々は私たちに連絡できるかもしれないが、アプリケーションの内部を知らなければ、データの破損やソフトウェアのバグをトラブルシューティングするために必要な情報を提供できない、ということでした。情報提供がないと私たちは何もわからず、サポートを提供できなくなってします。そこで、一般的なトラブルシューティング情報を要求する代わりに、必要な情報をバックグラウンドで自動的に取得して送信することにしました。また、ユーザーインタフェースで発生した過去1,000件のイベントを取得し、サポートリクエストとともに自動的に送信して、正確に何が発生したかを再生して調査できるようにしました。

それを機能させる方法

探索的テストで注目したほうがよいケイパビリティ（能力）を発見するには、フィーチャーによってユーザーが実行できること、またはユーザーが実行できないことをブレインストーミングしましょう。ユーザーストーリーを探索するときは、フィーチャーの説明（「〜〜が（〜〜して）ほしい」）ではなく、ユーザー価値の部分（「〜〜するために」）に焦点を当てるようにしてください。

作業の計画にインパクトマップを使用する場合、マップの3番目のレベル（アクターのインパクト）は、ケイパビリティ（能力）について議論するためのよい出発点です。たいていの場合、ケイパビリティ（能力）の変更がインパクトの内容になります。ユーザーストーリーマップを使用する場合、最上位に背骨のように並んでいるユーザーストーリーの中で、現在のユーザーストーリーに関連するものが議論の開始点として適しています。

 Idea

「常にある／決してない」から
考えよう

　チームが、新しいコンポーネントや、ビジネスドメインの中でも不慣れな
分野に初めて取り組むと、テストのアイデアを考え出す際に「鶏が先か卵が
先か」という状況に直面することがよくあります。また、よい具体例がより
優れた反例を導いてしまう可能性もあります。

　しかし、ドメインの全体像を把握するには、最初によい具体例がいくつか
必要です。不慣れな分野で仕事をしていると、検討していることが基本的な
内容なのか、それとも、より複雑な内容なのかを判断することが難しくなり
ます。経験が不足しているからです。

これは危険な状況といえます。なぜなら、チーム全体がすべての重要な前提を把握し、共通の理解を得たとしつつも、ドメイン知識が不足しているため、そういった恐ろしい問題に気づけないからです。ラムズフェルドの有名な知識の分類[訳注3]における「知らないと知らないこと」によって、多くの問題を隠し、チームは経験不足のためにそのことに気づけていない可能性があります。

このような状況は、「常にある／決してない」というヒューリスティックな考え方が非常に役立ちます。全体像をすばやく把握するために、私たちはしばしば、常に起こるべきこと、または決して許されるべきではないことを特定する10分間のセッションを開催します。そこでは、「常にあるべき」や「決してあるべきではない」といった絶対的なステートメントから始めることによって人々が例外を考え出すように促されるため、より興味深い質問をすばやく準備できることにつながります。

例えば、e コマースシステムのコンプライアンスに取り組むとき、私たちはビジネスのステークホルダーに、決して起きてはならないと感じたいくつかのことを書きとめるように依頼しました。ステークホルダーからの最初の提案は、「取引を決して失うことはない」でした。これにより、「常に取引を監査する」という別のステートメントが作られ、開発者は失敗した取引も監査する必要があるかどうかを尋ねることができました。

次に、取引について2つの相反する見解を特定しました。ビジネス部門の人は、購入が拒否された場合でも、何かを購入しようとする試みを取引と見なしていました。しかし、開発者は成功した購入のみを取引と見なしていました。それにより、不正防止を目的として購入の試みと失敗を取得し、保存することが、実際には非常に重要であることが判明しました。「常にある／決してない」シナリオから考えることで、ドメインに関するいくつかの間違った仮定をすばやく特定することができました。

訳注3　原典は、1955年にアメリカの心理学者である Joseph Luft と Harrington Ingham がジョハリの窓を開発する中で生まれた考え方であり、「知っていると知っていること」「知っていると知らないこと」「知らないと知っていること」「知らないと知らないこと」という概念で構成されています。

主な利点

フィーチャーまたはコンポーネントに関する絶対的なステートメントは、主要なリスクに関する議論を組み立てるために最適な方法です。「常に」または「決して」で始まるステートメントは、多くの場合、最大のビジネスリスクを示しており、人々がそれらを分析すると、残りの機能を理解するためのよりよいコンテキストが得られます。

絶対的なステートメントのもう1つの優れた点は、簡単に反論できることです。ステートメントが正しくない場合、1つのケースを見つけて無効にし、適切なディスカッションを開始する必要があります。そのため、特に誰かが簡単に反例を思いつくような場合には、誰かが考える普遍的な真実を書きとめることが、さまざまな仮定をすばやく明らかにすることに役立ちます。これは多くの場合、用語の違い、洞察力の欠如、または異なるメンタルモデルを示しています。

これは難しいレガシーシステムを扱う場合に特に重要です。レガシーシステムで採用されていたソリューションが、誰かに提案された真実に当てはまるかどうかを、誰でもすばやく確認できるからです。例えば、あるステークホルダーが、各購入が監査レコードと一致するはずだと主張した場合も、レガシーデータベース内の過去6カ月間の購入数と監査レコード数を比較することで、それをすばやく確認できます。それらが一致しない場合、それは人々が気づいていなかった複雑な内部システムの相互作用についての興味深い発見となります。

それを機能させる方法

誰かが考える普遍的な真実についての議論は、さまざまな仮定の発見につながります。そのため、「常にある／決してない」ステートメントのすべてのリストを提供する責任を誰か1人に押しつけないようにしてください。必ず、いくつかのグループに分けて、10分または15分間別々にブレインストーミングしてから、グループをまとめて結果を比較します。または、付箋を渡し

て、しばらく黙ってアイデアを書きとめてから、すべてのメモを壁に貼って、同じようなアイテムをまとめます。

　普遍的な真実として考えたアイデアを整理したら、それらを1つずつ拾い上げ、反証を試みましょう。各ステートメントについて、反例や誰かが考えた普遍的な真実が成り立たない可能性のあるケースを考え出すようにしてください。また、ドメインの経験が少ない人や内部の仕組みについての十分な理解がない人に、簡単に誤解される可能性のあるケースを一覧にすることもよいでしょう。これらは、フィードバックやグループディスカッションに適したシナリオです。

　決して起こらないはずのことについてのステートメントについて話し合ったあと、代わりのイベントを調べることを忘れないでください（【 ≣Idea 「代わりに何が起こるか」と尋ねよう】を参照してください）。

　もちろん、誰かが考えた普遍的な真実を覆すような具体例は、重要なテストケースになるはずです。ただし、それだけでなく、ディスカッションの終わりまで絶対的なステートメントが当てはまる場合でも、その反例にならないか検討した主要なシナリオを保存し、将来のテストとして使用してください。このような具体例は、ドメインに関する知識が少ない人にとって特に役立ちます。潜在的な誤解や誤った仮定を避けられるからです。

感情を利用しよう

　テスターが日常的に指摘するように、新しいソフトウェアのフィーチャーが持つリスクを適切にカバーするために必要なテストの種類に関しては、ハッピーパス[訳注4]は氷山の一角にすぎません。

　確かに、ハッピーパスシナリオから始めることは理にかなっています。それは、強力で主要な最初の具体例と、他の可能性を考えるための土台になるからです。しかし、そこで歩みを止めるわけにはいきません。

訳注4　ユーザーがソフトウェアを利用するケースの中で、単純かつ重要度の高いものを確認するテストのこと。詳しくは本アイデア後半を確認してください。

他にどのようなことを確認するか、他にどのような手順を試すか、使用する技術をどう確認するか、は必ずしも簡単なことではありません。境界値分析や同値分割などの、一般的に教えられている手法は、特定のテストを洗い出してカバレッジを高めるよい方法ですが、それだけでは十分ではないのです。

仕様化ワークショップ、その後のテスト設計、または探索的テストセッションのいずれにおいても、テスト設計のヒューリスティックを使用すると、非常に有用な議論が促進され、他の方法では手つかずのままだった可能性のある、いくつかの目印が目立つようになります。

私たちが提案するヒューリスティックは、10の感情または行動の種類に基づいています。それは、「恐れ」「幸せ」「怒り」「非行」「恥ずかしさ」「寂しさ」「物忘れ」「優柔不断」「貪欲」「ストレス」の10個です。前ページの挿絵は私たちが思いつく限りで最高に記憶しやすくするものです。それぞれの感情や行動が何を表しているのかを思い出すのには難しい場合でも、図がヒューリスティックを調べる引き金となるはずです。

主な利点

前ページの挿絵のヒューリスティックは、仕様化ワークショップなどテスト以前の場合でも、探索的テストセッションの場合でも、チームがより完全なテストを設計することに役立ちます。これは、テストの新しいアイデアを刺激し、考慮すべき他のリスク領域を明らかにします。

これら一連のヒューリスティックの利用は、テストを設計または実行するときに、非常に迅速に幅広いカバレッジを提供できます。また、最初の主要な具体例の代替案やさまざまな視点からネガティブなケースを探している場合、ヒューリスティックは仕様化ワークショップでのよいリマインダーとなります。

それを機能させる方法

　この作業を行う方法の1つは、ハッピーパスから始めて、それに沿って代替案を探すことです。ハッピーパスを歩みながら、このチェックリストを使って他のパスについて考え始めます。

　ヒューリスティックを脇に置いて参照するか、ユーザーストーリーやフィーチャーを探索するときにチームとして作業します。

　ここでは、テストの設計を刺激するための感情的なヒューリスティックを紹介します。これらの道に沿った感情のジェットコースターです。

- **スカリーパス（恐怖）**：このパスをたどると、家は本当に壊され、他のすべてのものはそれとともに破壊されます。ステークホルダーにとって最もリスクの高い領域を洗い出してください。機能や変更について、各ステークホルダーを最も怖がらせるものを考えてください。

- **ハッピーパス（素直）**：素直なケースを説明する主要な具体例であり、ポジティブなテストです。これは、私たちが考え得る振る舞いと機能の特定の領域を通る最も単純なパスです。また、これは最も単純なユーザーの操作であり、（おそらく最初の実行を除いて）毎回成功することが期待されます。

- **アングリーパス（怒り）**：アングリーパスでは、アプリケーションの反応が悪くなったり、エラーが発生したり、うまく再生できず腹を立てたりするようなテストを探します。これらは、検証エラー、不正な入力、論理エラーである可能性があります。

- **ディリンクウェントパス（非行）**：認証、承認、許可、データの機密性など、テストが必要なセキュリティリスクを考慮します。

- **エンブレシングパス（恥ずかしさ）**：壊れた場合、全体的に大きな恥ずかしさを引き起こすものを考えてください。それらがビジネスの損失のような即時の大惨事ではない場合でも、それらは内部または外部の信頼性に重大な影響を与える可能性があります。これは、かつてテストジャーナルで見たような、「Qality」のような単純なスペルミスかもしれません（テスターの喜ぶ顔を考えてみてください）。

- **ディソレトパス（寂しさ）**：これは、アプリケーションまたはコンポーネントに不完全な状態を引き起こします。ゼロ、ヌル、ブランクまたは欠落データ、切り捨てられたデータ、および、「寂しい」反応を引き起こす可能性のある不完全な入力やファイル、またはイベントを試してください。

- **フォゲットフルパス（忘却）**：メモリと CPU をすべて使い切り、アプリケーションが何も保存できない状態にしてください。それにより、どれほどデータが保存できないかやデータが失われ始めるか、そのデータが保存されたばかりのものかすでに保存されていたものかどうかを確認してください。

- **インディサィスィブパス（優柔不断）**：優柔不断なユーザーであり、1 つの行動方針に完全に落ち着くことができないことをシミュレートしてください。オンとオフを切り替えたり、ブラウザーの［戻る］ボタンをクリックしたり、データが半分入力されたパンくずリスト間を移動してください。これらの種類のアクションは、システムが最後の状態として記憶しているものにエラーを引き起こす可能性があります。

- **グリーディーパス（貪欲）**：すべてを選択し、すべてのボックスにチェックマークを付け、すべてのオプションにオプトインし、すべてを注文し、通常、機能を可能な限りすべてロードして、動作を確認してください。

- **ストレスフルパス（ストレス）**：現在のシステムの規模を確認し、機能とコンポーネントの限界点を見つけてください。そして、ビジネスボリュームの将来の変化を予測できるようにします。

この手法は、複数の人がいる仕様化ワークショップで非常にうまく機能します。なぜなら、ハッピーパスではないアイデアは、まだ考えられていない質問や答えにくい質問など、興味深い会話を生み出す可能性があるためです。質問によっては取り上げて、さらなる調査が必要な場合があります（非機能特性は、繰り返し調査する傾向があります）。

実現手段と同様に、ユーザーがメリットを享受できるかどうかも確認しよう

　しばしば、ユーザーストーリーが複数のフィーチャーに影響を与えることがあり、1つのフィーチャーが多くのユーザーストーリーによって拡張および変更されることもあります。このため、ユーザーストーリーの受け入れ基準は個々のフィーチャーを中心に構成され、技術的な影響の観点から表現されることが多いのです。この構成は長期的なメンテナンスにはとても有効ですが（【 三Idea テストを作業項目に沿ってグループ化したり構成したりすることは避けよう】を参照してください）、全体像を見失ってしまうリスクももたらします。

　具体例として、電話会議システム用のビデオコーデックライブラリをアップグレードする、というユーザーストーリーを想像してみてください。おそ

らく、このユーザーストーリーではコマンドが正しく送信されることを確認するための一連の統合テストを実施することでしょう。

　新しいライブラリが古いライブラリのすべての重要な機能をサポートしていることを確認するには、おそらく多数の回帰チェックが必要になるでしょう。まとめると、これら2種類のテストセットはライブラリを正しくアップグレードしたことを証明しますが、必ずしもユーザーストーリーの完了を意味するわけではありません。私たちの同僚の1人は、映像品質に関する顧客の苦情に促されて、そのようなユーザーストーリーに取り組むことになりました。完成したユーザーストーリーは本番環境にデリバリーされ、チームは成功を宣言して次の仕事に取り掛かりましたが、引き続き苦情が寄せられました。

　問題は、提案された解決策（ライブラリのアップグレード）はプロトタイプとしてはよさそうに見えたものの、実際には映像品質の問題を解決できていなかったことにあります。ユーザーストーリーの技術的な複雑さのせいで、チームは詳細に気を取られ、解決策全体が完成したかどうかを測定していなかったのです。

　この問題は、大規模なチームや単一のユーザーストーリーを複数のチームでデリバリーする組織では特に問題になります。

　たいていの場合、たとえユーザーストーリーの個々の部分がどのように組み合わされるかを示す全体的なテストがあるとしても、それらは実現手段の観点から説明しているにすぎません。例えば、新しいレポートを導入するユーザーストーリーは、多数の小さなデータフィルタータスク、または列ごとの計算ルールに分割されています。それらを確かめるテストに加え、レポート全体といった観点で実行する1つの全体的なテストがあるかもしれません。しかし、実際にはもう1つのテストが必要です。それは、ユーザーに対して、実際にメリットを提供していることを確認するテストです。

　この具体例をもう少し掘り下げてみましょう。当初の想定として、このレポートを差別化している要因が「ユーザーが売買取引の例外をより早く特定するのに役立つこと」であったとします。その場合、最終的なテストとしては、過去に記録されたいくつかの例外を作成し、レポートを利用してそれらがどれだけ早く特定できるかを確認すること、となるのです。

　実装の詳細ではなく、本来提供したいメリットをもとに全体的なテストを作成して実施すると、チームは不足している機能や間違った解決策を見つけることができます。もちろん、個々のテストにより関係者間で合意して実装したことは確認できるのですが、この全体的なテストでは関係者間で合意したことが実際によい解決策であったかどうかを確認できます。

　具体例を挙げましょう。MindMup を開発しているとき、会議の講演者がマインドマップからストーリーボードを作成できるようにしたい、というユーザーストーリーがありました。そこで期待される利用者のメリットは、講演者がマインドマップを使用して会議用スライドの最初のバージョンを準備できることでした。それはかなり大きなユーザーストーリーだったため、いくつかの小さなユーザーストーリーに分割し、それらのユーザーストーリーを 20 ほどのタスクに分割して、タスクにテストを添付することにしました。

　すべてのテストに合格すれば理論的にはユーザーストーリーは完了です。ただし、それ以外に 2 つの全体的なテストもありました。その中の 1 つは典型的な会議のプレゼンテーション用にスライドのセットを組み立てることができるようになる、という内容でした。私の典型的な講演を基準にするならば「25 〜 30 枚のスライド」であり、かつほとんどのページには画像が含まれるものとなります。

　最後にこのテストを実行すると、メモリ消費量のせいでサーバー側のコンポーネントが停止してしまうことがわかりました。ちゃんとユーザーストーリーを完成させるには、設計段階からやり直して画像キャッシュやサーバーコンポーネントとクライアントコンポーネントの作業分担を見直したり、いくつかの新機能を実現したりしなければなりませんでした。

実現手段と同様に、ユーザーがメリットを享受できるかどうかも確認しよう

 それを機能させる方法

　ユーザーストーリーの全体的なテストについて話し合うとき、単に「動いているか」と尋ねるのではなく、「ユーザーがメリットを享受できるかどうかをどうやって確かめるか」と尋ねましょう。特定の技術的な解決策や実現手段ではなく、ユーザーのケイパビリティ（能力）とメリットの観点から、何をもって「ちゃんと動いている」とするのか決めましょう。ビデオ電話会議の具体例では、全体的なテストで確かめるユーザーにとってのメリットとは、特定の顧客セグメントにおけるビットレートの向上やビデオフレームの破棄数の低下、と表現できます。

　書籍『Fifty Quick Ideas To Improve your User Stories』では、ユーザーストーリーが振る舞いの変化を説明するように心がけることを提案しています。ユーザーストーリーが振る舞いの変化を説明しているなら、その変化を中心にテストを設計します。デプロイする前に、そのような変化を実現するケイパビリティ（能力）や潜在能力を測定します。例えば、知識のあるユーザーならば、売買取引の例外をより早く発見できるかもしれません。ユーザーストーリーを本番環境にデリバリーしたあと、実際のユーザーにそのメリットが提供されたかどうかの確認を検討してください。実際に使用する時点でのメリットを確認することは、解決策が実際によいものであったかどうかを確認できる、最終的なテストになります。

　ユーザーにとってのメリットを確認する全体的なテストは、必ずしもユーザーストーリーの他のテストと同じ方法で管理する必要はありません。期待されるメリットが完全に確実なものの場合でも、チェックを自動化する代わりに、その周りで手動の探索的テストを実行することで、より多くの価値を得ることができます。ユーザーがメリットを享受できるかどうかをテストすることは、多くの場合、付随する情報の発見につながりますが、無人の自動テストの実行ではそのような学習は得られません。

計測の難しい品質でも
定量化に努めよう

　ユーザビリティや性能のように計測が難しい品質は、テスト対象として
めったに注目されません。通常は誰かが不満を挙げたときなど、主に後付け
で検査されます。そういう場合でも明確な成功基準がないため、問題が完全
に修正されたことの証明は困難です。

　チームは「高速にしなければならない」といったあいまいな表現を取り除
いてしまい、品質のうち、そういったテストが難しい側面に対するステーク
ホルダーの期待値を把握したり特定したりすることをさぼりがちです。明確
な期待値がなければ、機能や改善に関する議論はほとんど主観的になってし
まいます。また、システムがどの程度の性能を発揮しなければならないのか、
人によって異なる意見を持つようになります。そうすると、未確認の誤った

前提、設計の問題、ステークホルダーやチームの主観的な議論、そして多くの誤解を生み出します。

　テストが難しいという理由だけで、期待値の把握や明確な表現を諦めてはいけません。テストすることが難しい側面であったとしても、開発を始める前に、システムにどの程度の性能が必要か話し合うことを妨げるべきではありません。品質の重要な側面を積極的に計測するつもりがない場合でも、それを定量化するようにしてください。

主な利点

　品質の、こうした重要な側面を定量化することは、チームがよりよい設計について議論することに役立ちます。あるWebサイトのホームページについて、50,000人の同時ユーザーが2秒未満で読み込み完了するという要求と、5,000人がオンラインの場合に10秒未満で読み込み完了するという要求では、実現するためにまったく異なる技術的な解決策が必要です。定量化された明確な目標がなければ、2つの選択肢からどちらを選択すればよいのか判断できません。目標がなければ、チームは性能の低いシステムを提供したり、性能を高めることに不必要に時間を浪費したりしてしまいます。

　デリバリーする前は、簡単もしくは安価に計測が難しいものだったとしても、デリバリーしたあとならば安価に計測できるような場合もよくあります。そういった情報は将来のプロダクトマネジメントにおいて、決定的に有用な情報源となります。例えば、あるチームがホームページの平均読み込み時間を改善したければ、本番環境の実際の性能を監視して期待値と比較できるようにすることで、目標に向けて改善していけるでしょう。改善の目標を定量化すれば、プロダクトマネージャーもデリバリーするか、もしくは性能改善タスクの優先度を高くしなければならないか、を簡単に判断できるようになります。また、それにより、すでに十分よい側面へ過剰に投資してしまうのを避けられます。

　最後に、品質の特定の側面を定量化すれば、チームは計測のコストと難しさをより適切に評価できるようになります。例えば、私たちはMindMupの

主要なユーザビリティシナリオを「初心者ユーザーが 5 分以内に簡単なマインドマップを作成して共有できるようになる」と定量化しました。定義を明確にしたら、計測はそれほど困難ではなく、コストもかからないことがわかりました。計測のために、私たちはカンファレンスでいろいろな人々に新しいバージョンのシステムを試してもらい、簡単なマインドマップを作成して共有するのにかかる時間を測定しました。

🔑 それを機能させる方法

　計測が難しい品質の定量化を始めるためのよい方法としては、速度の指標としてちょうどよい代表的な主要シナリオを把握することが挙げられます。またその際は、ステークホルダーと一緒にそれらを特定しましょう。そして例えば「Web サイトは高速でなければならない」というのではなく、「ホームページへの初回アクセス」や「商品の閲覧と検索」、「ショッピングカートでの会計」などのようなシナリオを選択しましょう。このようなシナリオはすべて、目標としての性能要求が少しずつ異なる可能性があります。ホームページは 2 秒以内に読み込まなければならないかもしれませんが、ショッピングカートでの会計は 10 秒から 15 秒かかってもよいかもしれません。

　主要なシナリオを特定したら、そのシナリオに影響を与える可能性のある条件を特定しましょう。例えば、同時接続ユーザー数は Web ページを高速化するコストに大きく影響します。そして最後に、ステークホルダーと協力してさまざまな具体例の条件における期待値を把握しましょう。例えば、5,000 人のユーザーがホームページを閲覧している場合や、50,000 人が突然 Web サイトにアクセスすることになった場合の、ホームページの予想読み込み時間を調査します。これは、99 パーセンタイル（99%のリクエストが完了する時間）や 99.999 パーセンタイル（99.999%のリクエストが完了する時間）など、割合で成功の範囲を指定するのにも役立ちます。また、本番環境の監視における適切なサービスレベルアグリーメントの確立にも有用です。

計測の難しい品質の定量化を始めるためのもう 1 つの便利なトリックは、期待値を離散値ではなく間隔として定義してみることです。例えば、「ホームページを 4 秒未満で読み込む必要がある」とするのではなく、「少なくとも 4 秒未満である必要があり、2 秒未満である必要はない」と言い換えるのです。こうすると設計に関する議論は明確になり、チームは適切な解決策を考え出すことができます。

　主要なシナリオがわかったら、シナリオに関連する競合他社や市場のデータの収集が、議論の共通認識の形成に役立つことがよくあります。特定の側面で市場のリーダーを上回る、あるいは匹敵する必要がある場合、共通認識がない状態で議論するよりも特定のターゲットの事例について議論するほうがずっと簡単です。そういう議論を始めるための特によい方法は、提案された解決策に関する市場における有用性、差別化、飽和レベルを視覚的に比較する QUPER モデルを使用することです。QUPER モデルに関する詳細は、筆者らによる書籍『Fifty Quick Ideas To Improve Your User Stories』や quper.org [訳注 5] を参照してください。

訳注 5　2022 年現在、Web サイトはすでに閉じられています。

テストのアイデアを
ACC マトリクスで整理しよう

　頻繁にデリバリーするには、新しいバージョンのソフトウェアを安全にリリースできるのはどんなときなのか、チームが明確に把握しておく必要があります。しかし、デリバリーが頻繁に行われるとしたら、必然的にテストに利用できる時間は限られ、どれくらいテストすれば十分なのか判断する明確で客観的な基準を設けることは困難になります。

　すべての自動テストに合格しなければならない、と言うのは簡単ですが、追加の探索的テストがどれだけ必要かを、チームが明確に把握していることはめったにありません。さらに、頻繁にデリバリーするということは、テストドキュメントを可能な限り最新に保つように努力しても、間違いなくシステムはそれより早く変化してしまうことになります。

ユーザーストーリーマップとインパクトマップは、関連するマイルストーンをデリバリーすると価値を失います。しかし、マイルストーンの一部として実装された変更のリストは、将来の回帰テストのために保存する必要があります。その情報を取得する適切な方法がない場合、チームは以前計画した身近なバックログをそのまま保存しておき、そして過去の作業項目を使用して探索的テストを管理しようとします。すると、【 ▶︎Idea◀︎ テストを作業項目に沿ってグループ化したり構成したりすることは避けよう】で紹介するように、探索的テストでも自動テストと同じような問題が発生することになります。

テストに優先順位を付けて調整できるようにするために必要なのは、システムが現在行っていることに関する情報を取得して整理する、効果的な方法です。そうすれば、将来変更が発生したとしても簡単に組み込むことができるようになります。

そのために役立つものが ACC（Attribute-Component-Capability）マトリクスです。ACC マトリクスは、テストのアイデアとリスク情報を可視化して整理する技法であり、Google や Microsoft に所属していた James Whittaker が開発し、『How Google Tests Software』（日本語訳『テストから見えてくるグーグルのソフトウェア開発』）で紹介されています。

ACC マトリクスは、システムコンポーネントと品質特性に関連するさまざまなケイパビリティを図示するものです。それぞれの列は品質特性、行はシステムコンポーネントを表します。そして各セルにはコンポーネントが品質特性を実現するために提供するケイパビリティを記述します。例えば、MindMup の ACC マトリクスを作成して、次のようなことがわかりました（次ページの表）。それは、Amazon S3 連携（コンポーネント）として、ユーザーがマインドマップを登録しなくても簡単に保存できること（ケイパビリティ）で、面倒さを感じさせないこと（Frictionless の特性）を提供するということでした。このケイパビリティは、「Frictionless」列と「Amazon S3」行、およびその交点にあるセルに入るケイパビリティを考えることで、整理することができました。

	Frictionless	品質特性 2	品質特性 3
Amazon S3	ユーザーがマインドマップを登録しなくても簡単に保存できる		
コンポーネント B			
コンポーネント C			

 主な利点

　ACC は、将来にわたってメンテナンスが容易なテスト計画を維持するための、迅速かつ反復的な方法です。システムコンポーネントの一覧や品質特性の集合が変更になる頻度は、関連するフィーチャーの変更頻度より低い傾向があります。そのため、ACC マトリクスは優先順位付けや議論をするための比較的安定した情報源となります。ユーザーストーリーが提供された際、必要に応じて関連するケイパビリティをマトリクスに追加することは簡単であり、コンポーネントとケイパビリティのつながりを見れば、システムの一部が変更されたときにも、どこを重点的にテストすればよいのかすぐに判断できます。例えば、MindMup を開発しているときは、変更するコンポーネントとつながっているリスク「中」に設定したすべてのケイパビリティを確認することにしていました。また、それ以外のコンポーネントについても重要なケイパビリティを確認するようにしていました。

　品質特性とケイパビリティを比較したり評価したりするほうが、フィーチャーを評価するより簡単です。そのため、ACC マトリクスのそれぞれのケイパビリティは、複数のステークホルダーが合意できるリスクレベルを設定できます。これはチームを助け、大規模なシステムのリスクプロファイルを効率よく把握でき、テスト活動へのインプットとして活用できます。理想的には、ACC マトリクスは「どんな人でも時間とお金さえあればテストできる」くらい高い抽象度で記載すべきです。チームはこのマトリクスを利用して、限られたテスト予算でシステムのリリース可能性を判断するための、客観的で偏りのない基準を作成できます。また、単一の基準を作成するのではなく、

ACC マトリクスを使うことで、異なる開発サイクルに合わせたさまざまなテスト活動をすぐに計画できます。チームは、メジャーアップグレードや小さなリリースそれぞれにどの基準を適用するのか、リスクレベルの低いケイパビリティをテストするには定期的に何をするべきなのかを判断できるようになります。

🔑 それを機能させる方法

　ACC マトリクスを作成する際の最大の課題は、ケイパビリティを特定し、把握することです。システムの特性やコンポーネントを特定することは比較的簡単ですが、ケイパビリティを特定するのは少し大変だからです。

　ケイパビリティは、おそらく高い抽象度で複数のシナリオにまたがって表現されているでしょう。例えば、「単純なマインドマップを保存する」というケイパビリティには「新しいマインドマップを保存する」「古いマインドマップを更新する」「右横書きテキストを含むマインドマップを保存する」「画像や図形を含むマインドマップを保存する」など、さまざまなユーザーストーリーが関係しています。

　優れたケイパビリティにはテスト容易性が備わっています。しかし、1つのケイパビリティを1つのテストケースで完全に記述するべきではありません。ケイパビリティに具体的なデータや値を入力しないようにしましょう。

　『How Google Tests Software』（日本語訳『テストから見えてくるグーグルのソフトウェア開発』）で、著者はケイパビリティを特定するためのガイドラインを提案しています。

- ケイパビリティは特定の行動として記述しよう。ユーザーが何らかのタスクを実行する、という意味になることが理想的だ

- 関連するテストケースに含まれる変数をテスターが理解するために、十分な情報を提供しよう。テストケースの完全な詳細を提供することを目的にしてはならない

Chapter 1 テストのアイデアを ACC マトリクスで整理しよう

- ケイパビリティは他のケイパビリティと連携する必要がある。ユースケースやユーザーストーリーを単独のケイパビリティだけで記述することを目標にしてはならない

ユーザーストーリーマップを使用して作業のバックログを整理している場合、ユーザーストーリーマップの軸として列挙されている活動はケイパビリティを特定するよい出発点です。インパクトマップを使用している場合は、インパクトマップの第3レベルである「Impacts」の項目から、変化あるいは拡張された振る舞いを調査しましょう。

≡ Idea

横断的関心ごとに対応する リスクをチェックリストとして 使おう

　広範囲で横断的な関心ごとのテストは、しばしば記述することが難しいことがあります。なぜなら、一般的にはそれらは幅広いフィーチャーに横断して適用されるためです。例えばルック・アンド・フィールは、アプリケーションのすべての入力画面で一貫していることが理想的です。またそのためにフォームごとにルック・アンド・フィールを記述するのはやりすぎであり、不要な重複を招きます。そのため、ユーザービリティや性能などの観点を通常のテスト活動と分けて、個別に対応することが多いのです。

　ただし、そのような観点を持って製品全体をテストするだけでは、特定のフィーチャーとの特別な関係性を見逃してしまいかねず、またフィードバックを遅らせることにもなります。フィーチャーの小さな変更は横断的な関心

ごとに大きなリスクをもたらさない可能性があるため、場合によっては、毎回、一連の横断的テスト全体を実行する必要はないでしょう。

しかし、変更によっては実際に多くのリスクをもたらし、大きな影響を与える可能性があります。何らかのテスト計画がなければ、ケースバイケースの影響評価やテストの優先順位付けはほとんど不可能です。さらに、製品全体での関心ごとを別のテストサイクルでテストするようにしてしまうと、影響を特定するための効果的な短い反復サイクルを実行できなくなります。

横断的関心ごとでは、同じリスクとテストのアイデアを多くのテスト対象群に適用します。テストが自動化されているか手動であるかにかかわらず、多くの反復作業やルーチンワークにつながります。Atul Gawande は著書の『The Checklist Manifest』で「専門家たちによれば『複雑な環境における定型作業の繰り返しに伴うリスク』には 2 種類の主要な難題がある」と述べています。その 1 つ目は、人間の記憶力や注意力はそれほど優秀ではないということです。つまり、何か重要なことが別に生じると、日常的なタスクや定型的なタスクを見落としてしまう場合があるのです。また、2 つ目は、時間に追われていると、たとえ正しく覚えていても何らかの手順を飛ばしてしまうことがあるということです。

決定論的チェックですべての横断的関心ごとを把握しようとするのはやりすぎです。テストの繰り返しが大量に発生するとともに、テストのメンテナンス問題が発生します。また、すべての横断的関心ごとの把握を手動テストで実行するには、何をテストするかについての適切なガイドラインと、ケースバイケースで評価およびレビューできる堅実な計画が必要です。ここで、効果的なチェックリストが重要な役割を果たします。

このようなチェックリストを役立てるための重要な秘訣は、テストシナリオを一覧にしないことです。詳細なシナリオや手順を含むチェックリストは時間の経過とともに長くなりすぎて、実用的ではなくなります。そのようなチェックリストを利用すると、人々は専門知識や直感を活用した優先順位の決定や探索するリスクの選択をせず、思考停止してただの指示待ち人間になってしまいます。最も有用な製品全体でのチェックリストとは、主要なリスクを明記し、専門家への注意喚起の役割を果たすものなのです。

そのため、個々のテストシナリオを記述する代わりに、製品全体でのチェックリストで主要なリスクを挙げるようにしてください。

主な利点

製品全体でのリスクをチェックリスト化したものは、個人差を考慮しながらも、正しいことを探求するように促し、刺激を与え、重大なリスクの見逃しを防ぎます。そのため、このチェックリストを使うことにより、チームは短い反復サイクル内でテストに対し効果的に優先順位を付けて計画でき、個々の影響においてチェックリストを検討できます。また、フィーチャーの小さな変更に応じて対処しなければならない、製品全体での関心ごとに対応するリスクを決定できます。

チェックリストにはテスト手順が指定されていないため、チームは各リスクに対処するための最良の方法を決定できます。これは、より焦点を絞ったテストにつながり、個々のシナリオに対するテストのメンテナンスにかかる高い費用も不要になります。

横断的関心ごとのそれぞれの項目に対してリスクの明確な一覧を用意することで、チームはユーザーストーリーの議論をスピードアップできます。同じことを何度も考え出す代わりに、チェックリストを通じて、その項目が特定のフィーチャーにどのように適用されるかをすばやく議論できます。また、特定の変更においてリスクを検討し、テストすべき特定の影響があるかどうかも評価できます。

それぞれのユーザーストーリーをレビューする前にチェックリストを確認することには追加の利点があります。それは、問題に気づきやすくなることと解決策を提示できる可能性が高くなることです。Gawande はボルチモアのジョンズホプキンス病院の研究を引用しています。そこでは、手術の手順にチェックリストを使用することでこの効果を発見したそうです。これは「活性化現象」として知られており、どんなことでも最初に発言する機会を与えることで、参加する意欲と責任感、そして発言する意欲が活性化されるのです。

それを機能させる方法

　Gawande は「優れたチェックリストは包括的なハウツーガイドを目指すのではなく、『専門家のスキルを補強するための迅速でシンプルなツール』である必要がある」と述べています。彼は 5 〜 9 項目のチェックリストを作成することをすすめています。この数字が人間の作業記憶の限界だからであり、つまり、1 つの長いリストではなく、焦点を絞った短いチェックリストを複数用意するほうがよいということです。そこで、私たちは重要な関心ごとそれぞれにチェックリストを作成する傾向がありますが、リストの 1 つが長くなりすぎた場合は、より焦点を絞ったリストに分割しましょう。例えば、Webサイトに関する全体的なユーザビリティのチェックリストは、その観点でいえばおそらく長すぎるでしょう。しかし、入力フォームのユーザビリティチェックリストが 10 項目を超える必要があることはめったにありません。

　またその際、作業を行って印を付けていく形式のチェックリストは避けましょう（Gawande はこれを「Read-Do リスト」と呼んでいます）。その代わりに、作業をしている途中で一時停止して何かを見逃していないかを確認できるようなリストを作りましょう（Gawande はこれを「Do-Confirm リスト」と呼んでいます）。

信頼境界を文書化しよう

　複雑なシステムは、しばしば信頼に関する問題に悩まされます。あるチームが大規模なシステムの小さな部分を担当する際、ほとんどの場合、他のチームによって作成されたコンポーネントをどれだけ信頼できるのか、簡単には把握できません。チームが他のチームを信頼しすぎると、他のチームのコードに依存するようになり、解決するのが難しい奇妙な問題が発生します。また信頼が低すぎると、存在しない脅威に対する防壁を構築したり、別の場所ですでに検証済みの機能をテストしたりするため、時間を浪費する可能性があります。

　例えば、給与処理システムが給与支払い額を計算するには、従業員とその契約上の給与額のリストが必要です。大規模システムでは、多くの場合、従

業員データはまったく別のチームが管理しているコンポーネントから取得されます。もし、そのコンポーネントが、重複レコードや口座番号を持たなかったり、無効な給与額が設定された従業員のデータを提供したりする可能性があると思われる場合、給与計算コンポーネントでは、問題のあるレコードを識別したら、アラートを通知したり、不整合を解決する何らかの手段を提供しなければなりません。また、そういった機能はすべて適切にテストしなければなりません。

　ただし、もし他のチームが信頼でき、従業員のデータがしっかりしていることがわかっている場合はデータの問題を処理する方法について議論や特定をする必要はありません。このような状況でのテストは時間とリソースの無駄になります。さらに付け加えると、コンポーネント間の統合テストは、最もかさばり、最も壊れやすく、最も遅く、維持するのに最も費用がかかることが多いのです。

　信頼境界は時間の経過とともに変化します。信頼できないものがきれいになったり、暗黙的に信頼しているものが台なしになったりすることがあるのです。依存関係が別のチームによって管理されている際、問題を引き起こす可能性のある内部の変更が伝えられることはほとんどありません。例えば、具体的には、従業員データコンポーネントが外部インポートに対応するようになり、自分たちのシステムへ突然低品質のデータが入力され始めるかもしれません。給与計算コンポーネントを管理するチームは、支払いに問題が発生して誰かがバグを報告するまで、その変更について知ることはないのです。

　信頼の問題は、異なるチーム間だけでなく、同じチーム内でも発生する可能性があります。普通ならば開発者はビジネスのステークホルダーよりもシステムの内部に詳しいはずですし、テスターならば開発者よりも過去の問題に詳しいはずです。このような知識のギャップが、潜在的な問題や開発およびテストの範囲についての異なる仮定をもたらすことがよくあります。また、グループごとに異なる暗黙的な信頼境界を持つため、ビジネスのステークホルダー、テスター、開発者の間に多くの不一致をもたらす可能性があります。信頼が低い人々はありそうもないエッジケースやあら探しをするせいで非難されるでしょうし、信頼しすぎるチームメンバーは品質を気にしないことで

非難されるでしょう。

　このような信頼の問題を防ぐには、開発者、テスター、ビジネスのステークホルダーを含むグループで信頼境界を明確に特定し、文書化するとよいでしょう。信頼境界に合意できれば、どのモジュールに強力な防壁が必要か、あらゆる種類の奇妙なデータケースについて決定を下す必要があるのか、それとも共通のシナリオに集中して作業を進めるだけでよいのかを簡単に判断できます。

主な利点

　信頼境界を特定して文書化することで、チームは期待される振る舞いに関する共通の議論の枠組みを確立できます。これは、潜在的な問題をあら探ししたり無視したりといった、非生産的な意見の不一致を回避することに役立ちます。また、正常系としての無効入力と、本来の予期しない例外を区別するのにも役立ちます。重複するテストの回避や、より信頼できるフィードバックを迅速に得られるだけでなく、レジリエンスの高いシステムも設計、構築できます。

　明示した信頼境界により、チームは予期しない違反に対してより効果的に対応できます。再検討が必要な関連するテストを簡単に特定できるからです。

それを機能させる方法

　フィーチャーやシステム領域の議論を始める前に、コンテキストを共有するため、他のチームやサードパーティをどれくらい信頼しているのか話し合い、記録を残すようにしましょう。そして、具体的な信頼境界の範囲内で確認することや、仕様を設計します。その際、境界を調査するために探索的テストを計画しましょう。そして、境界を越えてみて、境界が実際に成立するかを確認しましょう。

　Elisabeth Hendrickson は著書の『Explore It!』の中で、「もし〜だったらどうなるか」という質問をする時間を設け、境界を調査することをアドバ

イスしています。

　あとで参照できるように、統合テストのテストベースとする信頼境界について記録しておくと便利です。テストを修正するときは、記録した信頼境界がまだ有効かを調査しましょう。

　大規模な組織では、信頼境界を違反した場合のトリガーとアラートを設定することもよいアイデアです。なぜなら、別のチームが予期しないことをしたときに、適切な対応を最低限でも行えるようにするためです。これがうまく機能する具体例としては、システム境界で整合性を検証した開発者へのメール通知や、本番環境で予期しないデータが発生した場合のアラート通知などがあります。

　最後に、信頼境界の違反を示すバグに注意してください。そのようなバグを単独で修正して先に進むのではなく、同じ境界の周りにあるすべての関連するテストを再検討して、他のフィーチャーについて議論する必要があるかどうかを確認してください。

普段からログとコンソールの出力を監視しよう

　複雑なシステムの内部動作は、制御することも分析することも容易ではありません。開発者が他へ影響を与えてはならないコンポーネントやフィーチャーを追加・変更する場合、特に容易ではありません。

　複雑なシステムに対して、テストの完璧な定義が絶対に不可能なのはそのような理由があるからです。他に何があるのか、どの変数が問題を引き起こすことになるのか、人々は決してわかりませんし、小規模な変更による影響がすぐに表面化するとは限りません。むしろ複合的な効果により、非常に大きな影響を与える可能性があります。また、そういう複合的な効果の分析は特に手こずる作業になります。なぜならば、組み合わさった症状は誤診を招きやすく、誰か1人が全体像を把握していることはめったにないからです。

そして、複合的な問題は最悪の瞬間に発生することが多いのです。

　1 年ほど前のことです。筆者の 1 人である Gojko は、パリの空港で次の飛行機に乗り換えるまでそこそこ長い時間待たされることがわかっていたので、市街地に出掛けていい感じの食事をしようと考えていました。ところがインターネットの妖精には別の思惑がありました。飛行機が着陸して Gojko が自分のスマートフォンの電源を入れたら、アラート通知メールと顧客からの苦情が大量に届いていたのです。おしゃれで静かなレストランで温かい食事を取る代わりに、彼は混雑してざわざわしている空港で本番システムを修正することになってしまいました。

　奇妙で複雑な問題は、なぜかいつも最悪の瞬間に現れるものです。私たちは何も変更していないのに、不思議なことに、MindMup の Google Drive Realtime API 連携機能が止まってしまっていたのです。空港の無線 LAN が不安定なせいでトラブルシューティングは非常に困難でした。そして結局のところ、2 種類のイベント通知が異なる方法で発生していたせいで、新しいシーケンスをファイルにアクセスする権限がないものとシステムが誤って解釈してしまっていたのでした。

　誰にも何もいわずに API を変更した、MindMup サービスの第三者である Google を非難することは簡単ですが、振り返ってみればその変更は大規模な停止を引き起こすほどのことではありませんでした。実際のところ、何度も受け取っていた警告を無視していたのは私たちだったからです。私たちは、予期せぬ問題を監視するため、エンドユーザーの側で発生するエラーや警告を監視していました。その中で、Realtime API に対する権限エラーは先月から急増していたのですが、誰かログインしないでアクセスしているユーザーがいるんだろうと無視していたのです。実際には、警告のスパイクが発生しており、おそらく API 開発者が新しいバージョンのソフトウェアを段階的にリリースして、修正していたのでしょう。私たちが何を見るべきかわかってさえいれば、確実に問題を防止できたのです。

多くのシステムには、ログ、監視コンソール、自動化されたエンドユーザーエラーレポートが備わっています。これらは主にユーザーが問題を報告したときのトラブルシューティングと診断に使用されます。非常にトリッキーな複合問題の蓄積を防ぐために、そのようなシステムの出力を定期的に確認するか、監視ツールを使用して予期しない傾向の発生を監視するとよいでしょう。テスト中に、システムログとコンソールで、エラーや例外スタックトレース、または警告を探しましょう。また、特定の問題を探していなくても、本番ログを時々読みましょう。通常では起きない何かがないかだけでも見るようにすれば、誰よりも早くトラブルの兆候を見つけることになるかもしれません。例えば、空港での修正というできごとのあと、私たちはエラーのスパイクのための監視システムを作成しました。それから 6 カ月後、Dropbox 連携機能で奇妙なエラーが警告されましたが、私たちは API の変更を把握し、ユーザーが不満をいう前に修正しました。

主な利点

潜在的な複合問題に関する早期の警告は別として、多くの場合、システムログとコンソールは、複雑なワークフローや多くのコンポーネントを備えたシステムで実際に起きていることを知るための、唯一の信頼できる情報源です。ログをトレースすると、ソフトウェアを変更したあとに何が起きたのか、確認、調査しなければならない内容に関する有用な洞察が得られます。

私たちのクライアントは、第三者が構築した金融取引プラットフォームを拡張していました。しかし、変更が必要なワークフローにどのプラットフォームサービスが関与しているかわかりませんでした。そこで、私たちはシステムで取引処理を実行し、その際のシステムログを調べて、どのサービスがログ通知を出力したのかを確認しました。この調査は予定外の影響をキャッチするのに何度も役立ちました。そのように、ログとコンソールは、追加で作成しなければならないテストに関する素晴らしい洞察を提供してくれます。

それを機能させる方法

　現代の多くのインフラストラクチャのコンポーネントとツールには、既製のコンソールが付属しています。例えば、すべての一般的なブラウザーにはJavaScript コンソール（エラーコンソールと呼ばれることもあります）がありますし、ほとんどのサーバーソフトウェアには TCP 接続できる何らかのトラブルシューティングコンソールがあります。サーバーがリモートでログをキャプチャする手段をサポートしていることも多いでしょう。

　可能な限り、探索的テストをしている間はシステムコンソールやログモニターを開き、行った操作によって発生した出力を読み通してみてください。おそらくゴミだらけかもしれませんが、少なくとも何を期待できるのかを学べますし、通常とは異なる見慣れない新たな傾向やイベントを発見できるかもしれません。

　自動テストの場合、ファイルサイズを監視するのが便利です。例えばテストスイートを実行すると普段なら 20KB のログが生成されているとして、最新の実行で 200KB のログが生成された場合、重要な変更があったことがわかります。変更内容はまったく問題ないのかもしれませんが、調査する価値はあります。エラースタックトレースは長くなる傾向があるため簡単に目立ちます。

　現在、極めてささいなシステムを除き、システムは複数のコンポーネントとネットワークを含んでいます。そのため、耐障害性を備える設計になっていますし、一部のエラーは正常と見なされます。例えば、Web システムならデータベースアクセスに失敗するとエラーをログに記録して自動的に再接続するかもしれません。

　また、本番ログには普段からエラーログが記録されるため、予期しない複雑な障害に関する早期の警告を見つけるのは難しい場合があります。それらを目立たせるためのよいコツは、すべての例外、エラー、警告をログに記録し、監視のためにそれらをグループに分けることです。そうすれば、異常な傾向を簡単に見つけることができます。例えば、MindMup の監視コンソールには使用している外部 API ごとにグループ化されたエラーを表示するよう

になっています。エラーの数、タイムアウトの数、および１日あたりの合計リクエスト数を表示しています。ネットワーク、ブラウザーの問題、および制御できないその他の多くの要因により、日々小さな割合のリクエストが失敗するかタイムアウトします。しかし、それらの数字の１つが他の数字と異なって増加し始めた場合、調査する問題があることがわかります。

テストセッションをモブで行おう

テストを計画または設計するとき、それがたとえ1人であったとしても、多くのシナリオを考えることはできます。ただし、どんな人でも、テストのための価値ある新しいアイデアを生み出すにはすぐ限界が来ます。私たちは同じ手法と種類のテストに傾倒する傾向があり（このようになってしまうことは仕方ありません）、ある種類のリスクをうまくカバーできますが、他の種類のリスクはカバーできません。その結果、リスク軽減の観点から実用的な価値がほど遠いエッジケースを作成する作業になってしまいます。

テストセッションの実行についても同じことがいえます。1人の目では、テスト対象の特定のものに自然に引き付けられ、同時に動作する製品内の他の動作が見えにくくなります。ペアになれば視野は広がりますが、パートナー

は同じ目標に集中しがちです。また、多くのペアセッションでは、テストしていない人がメモを書き、テストをしている人が何をしているかを観察しています。これは時間と脳の無駄使いです。

　1人で作業する代わりに、モブのテストセッションを実行してみてください。その際は、チーム全体、または他のチームや他のステークホルダーのメンバーを含む、より広いグループの人々を巻き込みましょう。

　また、テスト設計もモブで行いましょう。それにより、多くのテストアイデアを迅速に生成でき、自動化のための最も価値のあるテストを簡単に絞り込めます。または、モブで探索的セッションを行うのもよいでしょう。グループのフィードバックを迅速に行い、必要な方向へ変更し、複数の領域を評価し、リスクと品質に関する強力なコンセンサスを取得できます。

主な利点

　この、モブによるアプローチは、テストのための多くのアイデアを個人またはペアよりもずっと迅速に生成可能です。また、モブによる多様な思考が、より広範囲のテストのアイデアを生成します。モブのテスト設計は、必要な方針変更を可能な限り迅速にフィードバックおよび特定できるため、常に最大のリスクに対処し、最も価値のある情報を抽出できます。

　モブを使用すると、2つ以上の探索経路があったとき、複数の経路に分岐しても再び合流できます。そしてそれらは、すべて同じセッション内で行えます。そして、普段のチーム以外の人々を巻き込むことでわかった興味深い効果として、巻き込んだ人々は予備知識がない分、より自由で根本的なテスト設計が可能になり、小規模なチームでは発見できなかった情報や欠陥を発見できることが挙げられます。

　また、モブによるテストセッションは、チームや部署を超えたコラボレーションを促進し、関係を改善し、アプローチやアイデアの交換を増やすよい方法でもあります。

🔑 それを機能させる方法

セッションのスコープと目的を決めるところから始めましょう。それは特定のフィーチャー、ユーザーストーリー、システムの欠陥または弱点の領域でしょうか、それとも製品全体が対象でしょうか？

次に、セッションの準備の適切なレベルを決めましょう。要件、受け入れ基準、設計、テスト環境とデータの懸念、情報の目的などに関するレベルです。

さらに、招待する人を決めましょう。チーム全体、顧客担当者、別のチーム、営業またはマーケティング担当者（「多様性は新鮮なアイデアを生み出す」ことを忘れないでください）です。加えて、人数や、全員が参加できるような場所の配置、セッションの構成や進め方について考えましょう。私たちが参加したモブのセッションの大半は、4 人から 8 人で行われました。20人から 30 人になってもうまく機能しますが、人が多すぎる場合、情報を確実に収集し共有するために、より小さなグループに分け、再び合流することを考えましょう。セッションの人数が小さいほど、よりカジュアルで、より自然なフィードバックの共有が可能になります。いずれにせよ、明確な目標とタイムボックスを設定して、いくつかの境界線と方向性を示しましょう。

そして、要件、製品、フィーチャー、問題の説明、設計、およびその他の有用なコンテキストを説明することから始めましょう。そして、全員が迅速に関与できるようにしましょう。

テスト設計セッションでは、とにかくテストのアイデアを考え出しましょう。あまりにも早く、重複を削除したり、テーマを決定したりしないでください。また、人々の発想を促すために、アイデアは最後まで残してください。そして、人々が快適に思えるよりも少し長くアイデアを考えさせましょう。最もわかりやすいアイデアをすばやく生成したあと、人々はアイデアが枯渇し始めます。すぐにやめるのではなく、もう少し長く考えさせると、珍しいけれど潜在的に非常に価値のあるアイデアがほぼ確実に浮かび上がります。そうやって、新しいリスク、要件のギャップ、または設計上の制限が明らかになります。これらによって生まれたすべてのアイデアを収集し、それらをグ

ループ化し、絞り込み、リスク（可能性と影響）の優先順位を付けます。そ
れから、開発を促進するためにこれらを利用しましょう。

　また、モブのテストセッションの形式を試してみてください。多くの場合、
誰かがフィーチャーに関する一通りの説明を他のメンバーに行い、いくつか
の典型的な利用方法で作業してみせることで開始されます。その間、他のメ
ンバーは観察し、メモを取り、情報を要求し、調査のために領域にフラグを
立てます。

　モブのメンバーが何かの詳細な検査を要求すると、より興味深いものにな
ります。例えば、新しく設計されたテストのデモとして、誰かがレポート出
力を実行しようとしたところ、レポートに期待される情報が含まれていな
かったとします。その場合、グループとして実験するための追加のテストの
アイデアを検討します。ソースコードを調査するグループを分離する場合が
あれば、二手に分かれて調査をする場合もあるでしょう。

　グループの数を多くすると、1回のセッションの中でさまざまなアイデア
を探求し、多くのアイデアをテストできます。それと同時に、相互に絶え間
ないコミュニケーションを維持し、セッションの目的に合わせて定期的に合
流できます。

　メモやアイデアを書きとめるためには、ホワイトボードの用意を検討しま
しょう。単一のメモ帳では、大人数の場合アイデアを簡単に伝えることがで
きません。

議論のボトルネックに ならないよう、ペンを十分に 用意しよう

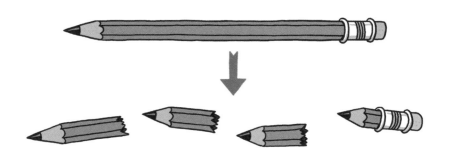

　仕様化ワークショップは、共同でのブレインストーミングというよりも一種の講義のようなものであり、1人の「専門家」が話したり書いたりしているのを、他の人が周りで立って見ているだけということが時々あります。これは、非常に不快感を起こさせ、人々の関与を妨げる可能性があります。

　これは、ユーザーストーリーのウォークスルーを主導する人がセッションを準備しすぎた場合にも偶然に発生することがあります。例えば、主導する人がすでに主要な具体例を設計しており、グループセッションでチームに提示するような場合に発生する可能性があります。主導する人はそういう具体例を精査して意見を述べてほしいと思っていても、他の出席者には実際に仕様がすでに完成しているように見えるため、主導する人は他の出席者が建設

的な批判を提供していないことに気づきます。

　理由が何であれ、1人によって1本のペンが握られていると、グループ内でコラボレーションやアイデア出し、建設的な批判の流れになるのは非常に難しい場合があります。

　これが仕様化ワークショップで発生した場合は、ホワイトボードまたはフリップチャートへ書き込めるよう、全員にペンを渡しましょう。そして、ボードへ書き込みできる位置に立つよう、全員を促しましょう。これにより、誰かがアイデアを思いついたらすぐに、誰もがそれを公開して、見て、理解し、それをもとに構築し、改善できます。

主な利点

　このアイデアは「アルファドッグ」な振る舞いの抑制に特に役立ちます。「アルファドッグ」な振る舞いとは、1人が議論を支配する傾向があり、他のメンバーがアイデアに貢献したり挑戦したりする機会を制限するような状況を意味します。全員にペンを渡すだけで、議論の場は平等になり、誰もが自分の意見やアイデアを提供する資格があると感じられるようになります。

　アイデアをすばやく書きとめるメカニズムを全員に与えることで、さまざまな人々の仮定の違いがより可視化されます。変化と取り消し線は、私たちの最初の考えが正しくなかったか、グループ内に意見の相違や共通の理解の欠如があったことの証拠です。これらはまさにより深い調査や議論に値する部分および具体例であり、解決が必要となります。これらの矛盾や不一致は私たちのフィーチャーのリスクへのポインターとなっているのです。

　このアイデアは、コラボレーションをより迅速かつ生産的なものにもします。ある人のアイデアや具体例は、すぐに他の人の心へ届いて新たな発想を生み出し、ペンを持っている人に指示を与えることなくアイデアを強化したり、細部をすばやく微調整したりできます。

それを機能させる方法

　仕様化ワークショップを開催するときは、常にホワイトボードやフリップチャートなどのローテクなメディアから始めましょう。そして、きれいにした結果をあとでツールに転送しましょう。問題についての私たちの考え方は、アイデアや具体例を収集するために使用する媒体に影響を受けます。文書作成ツールを使用する場合、表の作成が面倒になることがあるため、冗長で明確な具体例が少なくなる傾向があります。しかし Excel を使用する場合には、逆の問題が起こります。テキストをうまくまとめ、構成することが面倒になることがあるため、関係を定型化し、説明を避けようとします。

　大人数でのワークショップの場合は、チームを少なくとも 2 つのグループに分けましょう。各グループを 3 人または 4 人に制限し、理想的にはそれぞれのグループに役割が混在していると、最良の結果が得られることがわかっています。各グループは同じ問題に独立して取り組み、その後、再び集まって進捗状況とアイデアを比較しましょう。

　またその際、一人一人に異なる色のペンを持たせましょう（ただし、見づらい明るい色は避けてください）。よくあるホワイトボードを使用している場合は、しっかりと書けるホワイトボード用ペンを多めに用意しておきましょう。色あせたペンは、人々が議論を進めようとしているときに大きなフラストレーションの原因となるためです。油性マーカーは、フリップチャートやポータブルホワイトボードシートに適しており、油性マーカーを使っていると議論の衝突する様子が見えるため、ホワイトボード用ペンより優れた手段になる場合があるのです。ホワイトボード用ペンを使用している場合は、こういった理由から、最初は、書いたものを消去するのではなく取り消し線で無効にするよう、人々へ推奨しましょう。

　そして、一人一人に十分な広さを確保しましょう。ホワイトボードやフリップチャートを簡単に見たりアクセスしたりするためにも十分な広さが必要です。これが、少人数のグループが最適に機能するもう 1 つの理由です。全員が立っていても、5 人以上の場合は、誰かが周辺に追いやられてしまい、議論に参加しなくなる可能性があります。

議論のボトルネックにならないよう、ペンを十分に用意しよう

さらに、多くの具体例をすばやく見つけるためのマルチタスクを奨励しましょう。最初のいくつかのケースについては一緒に話し合いましょう。しかし、流れに乗ったら、新しい具体例を同時に追加させましょう。全員のアイデアが集まったら、グループ分けを一時停止して、主要な具体例を特定するために重複や競合がないか確認しましょう。

それから、サイレントレビューも試してみましょう。シートに具体例がたくさんある場合は、黙って自分の作業や検討をレビューしましょう。修正または改善が必要な検討、または他の具体例ほど有益ではない具体例をレビューし、それらをペンでマークしましょう。全員が自身で考える時間を取れたとき、マークしたものについて議論しましょう。

最後に、参加者が目の当たりにしているフリップチャートやホワイトボードなどの空白の形状そのものが、空白を埋める方法に影響を与えることを覚えておきましょう。例えば、トレーニングを実施し、さまざまなグループが同じ問題について話し合う場合、横向きのフリップチャートシートが与えられたグループは、シーケンススタイル（「A、次に B、そして C」）を使用して具体例を作成する傾向があります。縦向きのフリップチャートシートが与えられたグループは、少ない列を持つ表を作成する傾向があります。大きなホワイトボードが与えられたグループは、単純に空白がそれを促すため、可能性を網羅したマトリクスを作成することがよくあります。フリップチャートの用紙の向きを変更し、それが具体例の表現方法に微妙な変化をもたらすかどうかを確認しましょう。

競合相手の様子を探ろう

　原則として、チームは、自分たちに扱える範囲や開発するモジュール、または直接提供するソフトウェアに、テスト活動の大部分を集中させます。しかし、競合を考慮する一般的な製品開発のマネジメントと同様に、テストを計画するときに競合を考慮しないのは無責任です。これはソフトウェアであろうと家電製品であろうと変わりません。

　ソフトウェア製品がユニークであるのは非常にまれであり、あなたが現在かかわっている製品またはプロジェクトに類似した何かに、他の誰かがすでに取り組んでいる可能性があります。製品は異なる技術プラットフォームを使って作られ、異なるセグメントに対応しているかもしれませんが、主要な利用シナリオはおそらくチームや製品間でうまく置き換えたうえで利用できるはずで

すし、主要なリスクや失敗する可能性のある主なことがらも同様です。

　テスト活動を計画するときは、インスピレーションを得るため競合を見ましょう。修正すべき最も単純な間違いは他の人がすでに犯した間違いです。人々は自分の過ちに関する情報が一般に開示されないと論理的には思うかもしれませんが、どこを見ればよいか知っているなら、実はそういうデータの入手は非常に簡単です。

　規制の存在する業界で働くチームは、通常、現場のユーザーが見つけた問題に関する詳細な報告書を提出する必要があります。このような報告書は規制当局によって保管されており、通常ならば過去の報告書を閲覧できるようになっています。過去の規制当局への報告書は一般的にうまくいかなかったことの貴重な情報の宝庫です。特に、規制当局へ提出されるようなレベルまでエスカレートしたインシデントは、経済的にも評判的にも大きな影響を与えるインシデントであるため、大変貴重です。

　規制が存在しない環境で働くチームの場合、ニュースサイトやソーシャルメディアネットワークが同様のデータソースになる可能性があります。現在のユーザーは、問題に遭遇したときに声を上げることが多く、Facebook やTwitter で競合製品を簡単に検索するだけで、かなりの数の興味深いテストのアイデアが見つかる可能性があります。

　最後に、現在のほとんどの会社は、顧客向けに無料のオンラインサポートフォーラムを運営しています。もし競合他社がバグ追跡システムや顧客向けのディスカッションフォーラムを公開している場合は、サインアップしてそれを監視しましょう。より多くのテストのアイデアを得るために、人々がよく質問する問題のカテゴリを探し、それらをあなたの製品へ翻訳してみましょう。

　競合他社、特に規制が存在する業界で発生した注目度の高いインシデントについて、疑似的な事後分析を行うと役に立つ場合が多々あります。同様の問題が、あなたの製品のユーザーによって発見され、ニュースで報道されたと想像しましょう。それがどのように起こったのかについてもっともらしい話を考え出し、何がうまくいかなかったのか、なぜそのような問題が検出されずに流出してしまったのかを考えるための、疑似的なふりかえりを開催し

ましょう。これは、テスト活動を大幅に強化するのに役立ちます。

主な利点

　競合する製品とその問題を調査することは追加のテストのアイデアを得る安価な方法です。起こり得る理論上のリスクではなく、同じ市場セグメントの他の誰かに、実際起きたことに関するアイデアとなります。これは、新しいソフトウェアやビジネスドメインになじみのない部分で作業しているチームが、自分の経験からインスピレーションを得ることができない場合に、非常に役立ちます。

　疑似的な事後分析の開催は、ソフトウェアテストとサポート活動の両方で、死角と潜在的なプロセスの改善点を発見するのに役立ちます。注目度の高い問題は表面化することがよくあります。なぜなら、情報が組織の隙間で欠落したり、使用中のソフトウェアを検査および観察するための十分に強力なツールがなかったりするためです。他の誰かが起こした問題について考え、それを自分の状況に翻訳することは、確認方法を確立し、システムをよりサポートしやすくするのに役立ち、問題をそのレベルにまでエスカレートしないようにします。このような活動は潜在的なリスクをより多くの人々にも伝えてくれます。そのため、開発者はシステムを設計するときに同様のリスクをより認識でき、テスターは確認のための追加のテストのアイデアを得ることができます。

　事後分析が教えてくれるのは、特にサポート手順や可観測性の改善に関するものであり、組織が「黒い白鳥」に対処することに役立ちます。「黒い白鳥」とは、いかなる種類の回帰テストでも防ぐことができない予期せぬ未知のインシデントを意味します。どのようなリスクがあるかを事前に知ることはできませんが（そうでなければ「予期しないこと」ではありません）、そのようなインシデントに迅速かつ適切に対応するように組織をトレーニングすることは可能です。これは、政府の災害対策本部が洪水や地震を想定したシミュレーションを行い、円滑な運営や調整の問題点を発見するのに似ています。災害が実際に発生したときに組織の亀裂について学ぶよりも、安全なシミュ

レーション環境でこのようなものを発見するほうがずっと安価でリスクも少なくなります。

 それを機能させる方法

サポートフォーラムを調査するときは、個々の問題ではなく、パターンとカテゴリを探しましょう。実装や技術要素の選択が異なるため、第三者の製品の問題があなたの状況を直接反映する可能性は低いですが、問題の傾向や影響を受ける部分はおそらく類似しているはずです。

特に有効なのは、レポートの根本原因分析を行うことです。そして、あなたのソフトウェアにおいて、同じ根本原因によって引き起こされる問題と類似したカテゴリを特定することも有効です。

Chapter 1 競合相手の様子を探ろう

Chapter

2

適切なチェックの設計

主要な具体例に焦点を当てよう

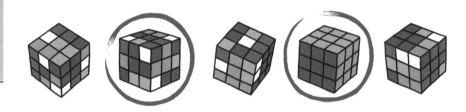

　ユーザーストーリーには、客観的に測定できる受け入れ基準が必要です。そのためには、明確さと正確さ、テスト可能であることが求められます。一方で、チームとしてどれだけの数のシナリオをテストしているにせよ、必ず他にもテストできることは存在します。多数のシナリオで受け入れ基準を説明し、完全を期すために、考え得るすべてのバリエーションを検討することは魅力的です。ただ、考え得るすべてのバリエーションを特定しようとすることは、より完全なテストとよりよいユーザーストーリーにつながるように思えるかもしれませんが、実際には、優れたユーザーストーリーを確実に台なしにしてしまいます。

　高速な反復開発では、不要なドキュメントを作成する時間がないため、受け入れ基準が仕様を兼ねることがよくあります。そして仕様が複雑で理解しにくい場合、よい結果を得られる可能性は低下していきます。というのも、複雑な仕様は議論を生み出さないからです。また、人々はそういうドキュメントを1人で読んで、重要性を低く感じた部分を選択的に無視する傾向があります。共通の理解を生み出すどころか、正確さと完全性の幻想を提供するだけなのです。

　以下に典型的な具体例を示します（同じような内容がさらに10ページ続きます）。

フィーチャー：決済ルート選択

効率的な決済を行うために
ショップオーナーとして
最適な決済となる決済処理ルートを選択したい

シナリオ：Visa デビットカード ， オーストリア
　　Given カード番号は「4568 7197 3938 2020」だった
　　When 決済を行う
　　Then 選択された決済処理ルートが「Enterpayments-V2」となる

シナリオ：Visa デビットカード ， ドイツ
　　Given カード番号は「4468 7197 3939 2928」だった
　　When 決済を行う
　　Then 選択された決済処理ルートが「Enterpayments-V1」となる

シナリオ：Visa デビットカード ， イギリス
　　Given カード番号は「4218 9303 0309 3990」だった
　　When 決済を行う
　　Then 選択された決済処理ルートが「Enterpayments-V1」となる

シナリオ：Visa デビットカード ， イギリス ， 50 ポンド以上
　　Given カード番号は「4218 9303 0309 3990」であり、
　　And 金額は 100 ポンドだった
　　When 決済を行う
　　Then 選択された決済処理ルートが「RBS」となる

シナリオ：Visa クレジットカード , オーストリア
　Given　カード番号は「4991 7197 3938 2020」だった
　When　決済を行う
　Then　選択された決済処理ルートが「Enterpayments-V1」となる
〜省略〜

　関連するユーザーストーリーを実装したチームは、主に具体例を表現する方法が原因で、大量のバグと困難なメンテナンスに苦しんでいました。確かに、このように長大な記述を個別のタスクへ分割するのは簡単ではありません。他の人々と負荷を共有するのではなく、一組の開発者だけが取り組める状態になってしまうからです。実際そのせいで、土台となるフィーチャーの最初の実装には数週間かかりました。

　シナリオは非常に複雑なため、全体像を捉えているかどうかは誰にもわかりませんでした。シナリオの記述は理解することが難しく、自動テストではユーザーに信頼してもらえそうもなかったので、ユーザーストーリーの手動テストに時間を費やす必要がありました。長大なシナリオの記述はデリバリーチームに完全に間違った理解を与えることになりました。そしてそのせいで、ビジネスのステークホルダーと重要な境界条件について話し合うことができず、いくつかの重要なケースをさまざまな人々がさまざまな方法で解釈しました。その結果が表面化したのは、本番環境で数週間経ってから誰かが決済処理コストの増加に気づいたときでした。

　個々のシナリオは理解できそうに見えるかもしれませんが、何ページにもわたるドキュメントは全体像を把握することが難しくなります。これらの具体例は決済処理ルートの選択方法を示していますが、そのルールは明確になっていません。この例で本当にやりたかったのは、リスクの低い決済をより安価な決済処理ルートに送信し、リスクの高い決済をより確実な不正対策を実装した高価な決済処理ルートに送信することでした。

　多くの場合、仕様が極端に複雑になっているということは、技術的なモデルとビジネスモデルが一致していない、あるいは、仕様を記述する抽象度が間違っていることを示しています。正確に理解しているとしても、ビジネス環境の小さな変化が不釣り合いなほど大きなソフトウェアの変化につながる

可能性があるため、そのような仕様はメンテナンスが難しいソフトウェアにつながります。

　例えば、決済リスクのスコア、決済処理コスト、不正防止機能などの重要なビジネスのコンセプトは、決済処理ルートを選択する具体例では表現されていません。このため、ビジネスルールを少し変更するだけで特殊な条件におけるソフトウェアの複雑な実行パスを大幅に変更しなければなりませんでした。そしてリスクの閾値をわずかに調整すると、予期しない結果が大量に発生しました。優れた不正防止機能を備えた決済処理ルートの1つが価格を下げたとき、ほとんどの具体例を修正しなければなりませんでしたし、基盤となる機能を調整するのは困難でした。つまり、組織は新しいビジネスチャンスをすぐに活用できなかったのです。

　複雑なシナリオを記述するのではなく、主要な具体例でユーザーストーリーを説明することに焦点を当てるほうがずっと優れています。「主要な具体例」とは、理解しやすく、完全性や批判的な意見を評価しやすい、少数の比較的単純なシナリオのことです。これは正確さを諦めるということではなく、まったく逆です。つまり、複雑な状況をより適切に説明できる適切な水準の抽象化と適切なメンタルモデルを発見するということなのです。

　前述の決済処理ルートの選択に関するテストケースは、小さな具体例のいくつかのグループに分けることができます。1つのグループは、居住国と購入国に基づく決済リスクを表現します。また別のグループは、支払い額と通貨に基づいて決済をスコアリングする方法を説明します。さらに別のグループでは、それ以外の決済のスコアリングルールに関連する特性のみに焦点を当てた具体例を説明します。総合的な具体例のグループは、計算方法とは無関係に異なるスコアを組み合わせる方法を説明します。そして最後のグループでは、決済処理コストと不正防止機能に基づいて、リスクスコアが適切な決済処理ルートを選択する方法について説明します。

　これらそれぞれのグループには5～10の主要な具体例があります。こうすることで個々のグループはずっと理解しやすくなるはずです。要するに、こういった主要な具体例があればチームは同じルールをずっと正確に記述できるうえ、具体例の総数は以前よりずっと少なくなるのです。

主な利点

　主要な具体例で構成したいくつかの単純なグループは、複雑で長大なシナリオの記述よりも、理解と実装がずっと簡単です。グループが小さいほど（具体例が少ないほど）、完全性を評価したり境界条件について議論したりすることが容易になるため、チームは理解の不一致や間違いを発見して解決できるようになります。

　主要な具体例をより小さく焦点を絞ったいくつかのグループに分割すると、ソフトウェアの構造もよりモジュール化されていくため、将来のメンテナンスコストを削減できます。決済リスクを個々のスコアリングルールの具体例でモデル化している場合、デリバリーチームにはそれらのルールを個別の関数として理解すればよい、という強力なヒントにもなります。

　そして、個々のスコアの閾値を変更しても、他のすべてのルールに影響はありません。つまり、ルールが変更されたときに予期しない結果が生じるのを防ぐことができるのです。決済処理ルートが値下げしたとしても、優先する決済処理ルートの変更は局所的で小さな変更が必要になるだけで、数週間の混乱を引き起こすことにはなりません。

　より小さく焦点を絞った主要な具体例のグループでユーザーストーリーのさまざまな側面を説明すると、チームは作業をより適切に分割できます。例えば、2 人が国ベースのスコアリングルールを選択し、他の 2 人が最終スコアに基づく支払い方法の選択を実装できるのです。

　グループに含める具体例を減らすのも、ユーザーストーリーをスライスする自然な方法です。いくつかのより複雑なルールは将来の反復まで延期される可能性がありますが、基本的なルールのセットは 1 週間でデプロイできるでしょうし、いくつかの有用なビジネス価値を提供してくれます。

　最後にもう 1 つ。主要な具体例に焦点を合わせると、確認しなければならないシナリオを大幅に削減できます。例えば、6 つまたは 7 つの異なるスコアリングルールがあり、それぞれに 5 つの主要な具体例があるとすると、確認する具体例の合計は約 8 万（5 の 7 乗）になります。これをグループに分割して同じ考え方をすると、40 ほどの具体例で説明できることになりま

す訳注1。これにより、具体例の説明と説明に必要な時間は大幅に短縮され、自動化されているか手動であるかにかかわらず、テストはずっと高速になります。具体例とモデルをカバレッジにより証明できれば、探索的テストを行うためのよりよい出発点も提供されます。

 それを機能させる方法

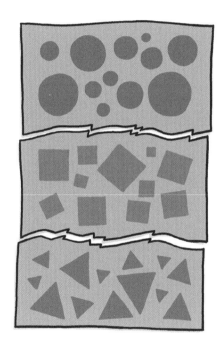

　覚えておくべき最も重要なことは、具体例が複雑すぎるとユーザーストーリーを洗練する作業が完了しない、ということです。

訳注1　内訳としては、「7つのスコアリングルール × 5つの主要な具体例 = 35の具体例」となり、それに加えて、ルールが正しく構成されていることを確認する総合的な具体例のいくつかで、合計40ほどとなります。

そこで、複雑さに対処するための多くのよい戦略があります。以下に、私たちがよく使う4つを示します。

- 不足している概念を探す
- 共通性でグループ化し、バリエーションのみに焦点を当てる
- 判断と実施を分離する
- 重要な境界を要約して調査する

　具体例が極端に複雑であったり多すぎたりするということは、たいていの場合いくつかの重要なビジネス概念が明示的に説明されていないことを示しています。決済処理ルートの選択に関する具体例では、決済リスクが暗示されていますが、明示的には説明されていません。

　これらの概念を発見することで、チームはモデルの選択肢を提供し、仕様と全体的なユーザーストーリーの両方をより管理しやすいグループに分割することができます。そして、リスクスコアの計算方法を説明するための具体例と、計算後のスコアの使用方法を説明するための具体例を使用できます。

　ただし、判断と実施を混在させないようにしましょう。混在させることは一般的にはありがちですが、混在させてしまうとビジネスのコンセプトが隠蔽されてしまいます。

　例えば、チームは「同じ具体例の集合で決済を処理する方法」と「処理せずに決済を拒否するすべての方法」を説明することがよくあります（不正な形式のカード番号、最初の数字セットに基づく無効なカードタイプ、不完全なユーザー情報など）。この場合、「有効な決済」というビジネスのコンセプトが隠蔽されています。

　これを明示的にすると、複雑な具体例からなる大きな集合を2つのグループに分割できます。決済が有効かどうかを判断するグループと、有効な決済を処理するグループです。これらのグループは、構造に基づいてさらに分類できます。

多数の具体例を見てみると構造が類似しているか、値が類似しているグループが含まれていることがよくあります。決済処理ルートの選択に関するユーザーストーリーでは、カード番号と購入国のシナリオが数ページ、2つの国（居住地と配達）を含む具体例の集合、および決済の価値が重要であるいくつかのシナリオがありました。構造の共通点を特定することは、多くのケースで、意味のあるグループを見つけるための貴重な最初のステップとなります。そして、各グループを再構成して、具体例同士の重要な違いのみを表示し、認知的負荷を軽減できます。

4番目の効果的な戦略は、重要な境界条件を特定し、それらに焦点を合わせ、理解を難しくする具体例を無視することです。例えば、リスク閾値が低リスク国では 50 ドル、高リスク国では 25 ドルだったとしたら、重要な境界は次のとおりです。

- 高リスクの国から 24.99 ドル

- 高リスクの国から 25 ドル

- 低リスクの国から 25 ドル

- 低リスクの国から 49.99 ドル

- 低リスクの国から 50 ドル

具体例が極端に複雑化してしまう主な原因は、慎重に選択した一連の具体例でテストを完全に置き換えできる、という誤解です。私たちが見たほとんどの状況で、これは誤った考えです。具体例を確認することはよいスタートなのですが、やったほうがよいテストの種類は他にもたくさんあります。

テストをユーザーストーリーの具体例で完全に置き換えることを目的としないでください。十分な共通の理解を生み出し、人々に適切な仕事をするためのコンテキストを提供することが目的なのです。理解しやすく、適切な抽象化レベルで記述した 5 つの具体例は、何百もの非常に複雑なテストケースよりもずっと効果的です。

適切に機能する具体例を機能しない具体例と対比させよう

Specification by Example[訳注2] を実践するには、対象のフィーチャーが、さまざまなシナリオでどのように動作するべきかを説明する主要な具体例について、協調的な話し合いや調査が必要になります。選択する具体例は、フィーチャーが内包するビジネスルールの本質を説明するものでなければならないので、非常に重要です。ただし、具体例の正確さや適切さによらず、対応する反例があれば、それがより強力で価値のあるものになります。

反例が表しているのは、フィーチャーが適切に機能しない場合や、新たな

訳注2　著者の1人であるGojko Adzicが提唱する具体例で仕様を記述する開発方法。詳しくは『Specification by Example: How Successful Teams Deliver the Right Software』（Gojko Adzic 著）を参照。

振る舞いを呼び起こすものでなかった場合です。例えば、無料配達フィーチャーのテストでは、顧客の注文が無料配達の対象となる購入シナリオを、具体例として期待します。

　一方、反例となる重要なシナリオは、注文が無料配達の対象にならない、というものです。テスターは、これらのケースを「ネガティブテスト」と呼ぶことがありますが、そうした呼び方はシナリオの重要性を軽視してしまうかもしれないので、私たちはこの用語を避ける傾向があります。このように、反例に顕著な価値があるのは、それらが対比を提供するからです。

主な利点

　何かを視覚的に際立たせるのは、背景に対するコントラストの鮮明さです。しかし、それは反例が主要な具体例と大きく異なる必要があるという意味ではありません。実際、よい反例がどんなものかというと、入力は正常ケースに可能な限り近いけれど、出力が異なるようなケースです。

　私たちは基本的に、主要な具体例ごとにひとそろいの反例を使用するべきだと考えています。それぞれの反例は、ルールに影響を与えるさまざまな要因またはパラメーターを強調することになります。

　無料配達の具体例でこれを説明しましょう。新しい無料配達フィーチャーのビジネスルールは次のとおりです。

> 無料配達は、1 回の注文で 5 冊以上の本をご注文いただいた VIP の顧客へ提供する

　このルールをサポートする最初の主要な具体例は、おそらく次のようになります。

> VIP の顧客からの 5 冊の本の注文は無料配達の対象になる

間違いなく最も簡潔なビジネスルールの具体例になっていますが、これだけでは無料配達フィーチャーの Specification by Example としては信頼できません。また、これが実装に対して確認する唯一のテストケースである場合、このフィーチャーを受け入れることはできません。必要な基準が満たされている場合にのみ無料配達を提供していることを確信するためには、無料配達を提供していないその他の具体例を確認する必要があります。

　そのためには、ルールに影響を与える変数を特定し、一度に 1 つの値のみを変更します。例として、最初に商品数を変更してみましょう。

> VIP の顧客からの 4 冊の本の注文は無料配達の対象にはならない

顧客のステータスについても同じことができます。

> 一般の顧客からの 5 冊の本の注文は無料配達の対象にはならない

　ルールに影響するのはそれだけでしょうか。ルールの定義では本に言及していますが、配達に費用がかかる可能性のあるより大きな商品も販売しています。具体例としては次のように注文のステータスを明示できます。

> VIP の顧客からの 5 台の冷蔵庫の注文は無料配達の対象にはならない

> VIP の顧客からの 5 冊の本と 1 台の冷蔵庫の注文は無料配達の対象にはならない

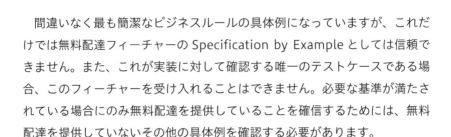

それを機能させる方法

　とっかかりとして役に立つであろう手順は次のとおりです。まずは、それぞれの手順に従ってみてください。具体例と反例について考えることがチームの標準になったら、この手順に従う必要はありません。ディスカッションの一環として、自然に表を作成するようになるでしょう。

1. フィーチャーやビジネスルールが機能するシナリオを説明可能な具体例の中で、最も単純な具体例から始める。その際、声に出して読み上げて意味が伝わるように書くこと（例えば、「Given、When、Then」形式など）。また、変数の値がビジネスルールと無関係でない限り、汎用的な値より実際の値を常に優先する

2. 具体例の記述について、フィーチャーやビジネスルールに最も関連する部分に下線を引く。その際、入力（例：顧客タイプ、アイテムタイプ、数量）と出力（例：配達料金の有無）を区別する。そして、下線を引いた部分の変数を使用して、各入力および各出力に対応する列を含む表を作成する

3. 最初の具体例のデータを最初の行として表に配置する

4. 出力ごとに、この出力が取る可能性のある値を特定する。入力値の最小の変化で、その際にどのような出力値となるかを示す具体例を作成し、これらの値を表に入れる

5. 出力の有効な組み合わせごとに、少なくとも1つの行を含む具体例が得られるまで、手順2.と3.を繰り返す

　ビジネスルールを説明するために主要な具体例と反例を検討する場合、検討や議論した複数のよい具体例を見つけるまで、ビジネスルールが明確になっていないことがよくあります。そして、具体例に同意できると、多くの場合、ルールを言い換えるか、少なくともより明確な用語で表現することになります。例えば、冷蔵庫の具体例について説明したあとで、無料配達ルールを次のように変更することをおすすめします。

本以外を含む注文は無料配達の対象にはならない

≡ Idea

「どうやって」ではなく、「何を」テストするのか説明しよう

WHAT EXAMPLES

↓

HOW AUTOMATION

↓

SYSTEM UNDER TEST

　ユーザーストーリーの受け入れ基準を説明するとき、経験の浅いチームが最も犯しやすい間違いは、テスト実行のメカニズムとテストの目的を一緒にしてしまうことです。「何を」テストしたいのかと「どのように」テストするのかを一度に説明しようとして、すぐに迷子になってしまうのです。

　以下はとあるテストを行う際の、典型的な記述の具体例です。

```
シナリオ：基本シナリオ

Given Mike がログオンし、
And  ユーザーが［入金］をクリックし、
And  ページが更新される
```

```
Then ［入金］のページが表示され、
And  ユーザーが［10 ドル］をクリックし、
And  ページが更新される
Then ［カード支払い方式］のページが表示される

When  ユーザーが正しいカード番号を入力し、
And  ユーザーが［登録］をクリックし、
And  支払い方式が承認され、
And  ページが更新される
Then ［アカウント］のページが表示され、
And  アカウントのフィールドに「10 ドル」と表示され、
And  ユーザーが［チケット検索］をクリックし、
And  ユーザーが［旅行］をクリックし、
And  ページが更新される
Then ［チケット］のページが表示され、
And  価格は 7 ドルであり、
And  ユーザーは［チケット購入］をクリックする
Then  購入が承認され、
And  ページが更新され、
And  チケットの確認番号が表示され、
And  アカウントのフィールドに「3 ドル」と表示される
```

　これは、少しでも常識的な知識を持っていれば、機械的に手順を実行し、最終結果が 3 ドルであるかどうかを確認できるという意味で「のみ」優れたテストだとわかります。すべての目的はクリックと更新で隠蔽されていますし、ユーザーストーリーを検証するたった 1 つの選択肢にしかならないので、特に有用なテストではありません。

　このシナリオに関するリスクの大部分がコードのごく一部に含まれているとしても、実行する範囲を絞り込むのは不可能です。そして、テストを実行する必要があるたびに、エンドツーエンドのアプリケーションスタック全体を含める必要があります。このようなテストは、検証を不必要に遅くし、自動化をより高コストにし、将来のテストの維持をより困難にし、関係するすべての人にとって頭痛の種になります。

さらに悪いことに、このような受け入れ基準を設定すると、本来なら有益な対話ができたはずのユーザーストーリーの意義がかなり損なわれてしまいます。詳細すぎると、根本的な前提に関する議論に興味を持たせ続けることができないためです。

このように、ユーザーストーリーでテストを実行する仕組みや実装の詳細を説明するのは避けましょう。何をどのようにテストするかを説明するのではなく、テストの目的に焦点を絞った議論を続けてください。例えば次のとおりです。

> シナリオ：プリペイドアカウントでの支払い
>
> Given　プリペイドアカウントで 10 ドルを持っているユーザー
> When　ユーザーが 7 ドルのチケットを購入する
> Then　支払い方式が承認され、
> And　そのアカウントのユーザーは 3 ドル残っている

雑然としたものがほとんどなくなったら、より多くの具体例について話し合うことが簡単になります。例えば、口座に十分な預金がなかったらどうなるでしょうか？

プリペイド残高	チケット費用	支払い状況	残高結果
10 ドル	7 ドル	承認	3 ドル
5 ドル	7 ドル	却下	5 ドル

ここでさらに興味深い部分が出てきます。ノイズを取り除くことができれば、興味深い境界を見つけて話し合うことは簡単です。例えば、誰かがプリペイド残高が6.99ドルなのに7ドルのチケットを購入したい場合はどうなるでしょうか？

試しに、そのケースについてビジネスの誰かに相談してみてください。すると、たいていの場合「顧客に入金させるべき」と言われるでしょう。また、開発者に相談すると「購入は拒否されるべき」と言われるでしょう。

クリックやページの読み込みの背後に難しい判断が隠されている場合、そのような議論を行うことは不可能です。

主な利点

「どのように」テストを行うのかではなく、「何を」する必要があるかを詳細に話し合うほうがずっと早く終わります。そのため、話し合いの抽象度をより高いレベルに保つことで、チームはより多くのユーザーストーリーをより速く、より深く進めることができます。これは、ビジネスのステークホルダーとの交流機会が限られており、時間を有効に活用する必要があるチームにとって特に重要です。

テストの目的と仕組みの説明を分離することで、コミュニケーションや文書化のためにテストを活用することが容易になります。また、今後チームが購入承認ルールをビジネスのステークホルダーと話し合う必要がある場合にも、このようなテストが非常に役立ちます。

テストの仕組みではなく、現在のシステムが何をしているのかを明確に説明することは、議論の素晴らしい出発点になります。特に、数カ月前のユーザーストーリーに取り組んだ間で行われた難しいビジネス上のすべての判断を、チームに思い出させるのに役立ちます。一方、クリックとページの読み込みは、ビジネス上の意思決定に組み合わせた受け入れ基準では役に立ちません。

「どのように」テストを行うかを、「何を」テストするのか、から切り離すことで、将来のメンテナンスコストを大幅に削減できます。Web ページ上のリンクがボタンになった、ユーザーが製品を選択する前にログインする必要がある、などの場合でもテストの仕組を更新するだけで済むのです。しかし、目的と仕組みが混在していると、何を変更しなければならないのか特定することは非常に難しくなります。多くのチームが、レコードアンドリプレイ方式のテストのメンテナンスに苦しんでいる理由はそこにあるのです。

🔑 それを機能させる方法

　経験則としては、「どのように」行うかと、「何を」行うかについての議論を 2 つの別の会議に分割して行うことです。

　ビジネスのステークホルダーは、おそらくテストの仕組みには興味がないでしょう。しかし、6.99 ドルの購入、といった意思決定をしなければなりません。ビジネスのステークホルダーには、ホワイトボードを使った「何を」テストしなければならないのかの議論に参加してもらいましょう。そして、「どのように」テストを行うかに関するデリバリーチームとの議論はあとで行いましょう。

　Cucumber、FitNesse、Concordion などのツールで具体例を使って仕様を把握する場合、人間が読めるレベルでは「何を」テストするのかに集中し、自動化レベルでは「どのように」確認するかに集中しましょう。他のツールを使用する場合、テストの目的と実行の仕組みを明確に異なるレイヤーに分割してください。

テストシナリオの期待値には数式ではなく具体的な値を記述しよう

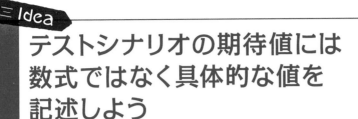

　具体例で受け入れ基準を定義するときに、時間を無駄にする典型的な例の1つは、数式を使ってシナリオの一部を説明することです。これは初心者に共通する間違いであり、「ユーザーストーリーには具体例も必要だ」と言われたビジネスのステークホルダーやアナリストがやりがちなことです。

　数式を使うと、形式的に表現できても、その内容は失われてしまいます。次ページの例は、とあるレポートシステムについて最近目にしたものです。

| レポート出力日より 30 日以内の取引をすべて含む | |

取引日	レポートを含めるか?
レポート出力日 - 30 < 取引	対象外
レポート出力日 - 30 < 取引 < レポート出力日	含める
取引 > レポート出力日	対象外

一見すると単純で完全に見えます。何かうまくいかない可能性があるでしょうか?

このように数式で表現した具体例の重要な問題は、実質的に他の場所ですでに定義されているルールを言い換えているだけであることです。表にした具体例は、すでに表の前に書いた文で示した情報と同じ情報を繰り返すだけで、それ以上の知識を伝えていません。つまり、表にしなくても同じ情報が得られるのです。

これらの具体例は、見落としているテストケースがないか確認したり、共通の理解ができているか確認したり、潜在的な間違いを見つけたりするための、よりよい構造を提供していません。さらに悪いことに、これらの具体例はあたかも完全であるかのような印象を提供しますが、実際にはかなりの数の疑わしい仮定を隠蔽している場合があるのです。

第1に、データ型が明確ではありません。レポートと取引のそれぞれの日付は年月日だけでしょうか、それとも時刻も含まれているのでしょうか。タイムゾーンは重要ですか、境界値では何が起こりますか。レポート出力日に行われた取引や、レポート出力日のちょうど 30 日前に行われた取引を含める必要がありますか?

他にも、データ型が異なる場合、例えば、取引の日付が実際にはミリ秒単位の正確なタイムスタンプであり、レポートの日付がカレンダーの日付であるような場合、2015 年 3 月 3 日の 00:01 に発生した取引は 2015 年 3 月 3 日のレポートに含めなければならないのでしょうか。それとも、その日の深夜までに行われた取引だけを含めるのでしょうか。あるいは前日の 23:59:59 までの取引だけでしょうか。レポートの日付がタイムスタンプの場合、うる

う時間やサマータイムの切り替わりの境界で何が起こりますか？

　シナリオではできる限り数式を使用しないでください。特に、数式に基づいて変数や入力に与える同値クラスを選択しないようにしてください。実際の値を列挙してシナリオをより正確にする、あるいは、実際の値から選択して代表的な具体例を提供するようにしてください。

主な利点

　実際の値に基づく具体例は、抽象的な数式で定義された具体例と比べると、境界についての議論をずっと容易にします。実際のタイムスタンプは、エッジケースを調べるときに、分またはミリ秒を考慮しなければならないことを明確にします。具体例にタイムゾーンを追加したり削除したりすると、全世界あるいは地域限定した場合や、サマータイム切り替わりの場合の比較方法に関する質問を促せるようになります。

　現実の具体例は、思い込みの隠蔽をずっと困難にさせます。表にいくつか具体的な日付があると、「取引の日付とレポートの日付が同じ場合はどうなりますか？」や「それらが同じであるとはどういう意味ですか？」といった形で境界値についての質問を促せるようになります。これは、チームがデリバリーの前に要件について話し合ったり、要件を発見したりすることに役立ちます。

それを機能させる方法

　入力に与える値の同値クラスを区間や数式で定義するのは避けてください。代わりに、境界値周辺の具体例を強調しましょう。数式を使用した具体例は、議論のとっかかりとして都合のよい場合もありますが、議論を始めたらそれぞれの数式を少なくとも2つの具体的な境界のグループへ変換しましょう。

　数式が問題になるのは主に入力値の場合です。出力値の同値クラスに範囲と区間を使うことは問題ありません。例えば、許容誤差が伴うような非決定

論的な処理の出力値では問題ありません。

　特定の具体的な値が重要な境界を示している理由が明確でないために、数式や区間を書いてしまうことがあります。例えば、2015 年 3 月 3 日の 23 時 59 分 59.999 秒に開始した取引を使用して、3 月 4 日にレポートを作成した場合、タイムスタンプ値の複雑さが読者を混乱させ、なぜその値が選択されたのか理由がすぐにはわからない場合があります。このような場合、具体例の横にコメントや説明を追加することはまったく問題ありません。コメントや説明を区間や数式として定義してもかまいません。ただし、明確な具体例を示し、それを使用してテストを自動化することが重要です。

　ただ言い換えているだけとなってしまう問題を回避するには、具体例とシナリオを評価し、コンテキストの説明やテストのタイトルから獲得した知識を単純に言い換えていないかどうかを確認するとよいでしょう。

　その具体例は物事をより具体的に説明しているでしょうか。それとも、すでに知っている情報を繰り返しているだけでしょうか。具体例が物事をより具体的にしないなら、具体例はあたかも完全であるようだと人々に誤解させるため、より具体的に言い換える必要があります。

入力同値クラスだけでなく
出力同値クラスも考慮しよう

　ある値が属する同値クラス全体から代表的な具体例を選択することは、優れたテスト設計の重要な手法の 1 つであり、ほとんどの人はそれを直感的に理解しています。例えば、ユーザーが外部の ID プロバイダーを介してログインできるアプリケーションを検討している場合、1 つは Google アカウント、1 つは Facebook アカウント、1 つは Twitter アカウントでチェックします。ある Google アカウントは別のアカウントと大幅に異なっている、という意見を立証する確かな根拠がなければ、追加の Google アカウントで同じテストを試みることはありません。それは時間の無駄です。ただし、この直感的なアプローチは大きな誤解を招く可能性もあります。

　多くの場合、チームは同値クラスによるバリエーション削減を入力値にだ

け適用します。これは完全性に対する誤った思い込みの原因になる場合があります。同値クラスは入力と出力をセットにして設計しなければなりません。間違ったセットを選択すると、実際には深刻な問題が隠れているにもかかわらず、チームはシステムを徹底的にテストしたんだと思い込んでしまう可能性があります。これは、複数種類の出力を持つアクションのテストを記述するときに特に問題になります。

例えば、バリデーションメッセージは通常の出力とは異なる出力の典型ですが、主要ワークフローほど重要であると見なされることはめったにありません。ごく単純な例として、ユーザー登録シナリオの入力という観点では、ユーザー名とメールアドレスのいくつかの無効な組み合わせはすべて同等なものとして分類できます。しかし、出力の観点では大きく異なる可能性があります。空のユーザー名とメールアドレスで登録しようとすると必ず失敗し、登録が拒否されたことを確認できます。

ただし、これは入力値のバリデーションが機能することを証明するものではありません。あるフィールドのバリデーションエラーが発生することで、別のフィールドのバリデーションエラーは隠蔽あるいは無視されてしまいます。メールアドレスのバリデーションが完全に壊れているかもしれないのですが、ユーザー名のせいだったり、それ以外の何かのせいでアクションが無視されていたりする可能性があります。

このようなアクションのリスクを実際に軽減するには、有効なユーザー名と無効なユーザー名、およびメールアドレスのさまざまな組み合わせを確認する必要があります。これらは入力の観点からするとすべて同等（すべて無効）ですが、出力の観点では大きく異なります。バリデーションエラーも出力なのです。

もしあなたがテストを記述しているアクティビティに複数種類の出力がある場合は、それらすべての同値クラスを必ず調べてください。

入力同値クラスだけでなく出力同値クラスも考慮しよう

主な利点

　同値クラスのいくつかの異なるクラスを考慮すると、テストする必要のある具体例の総数を比較的少なく抑えながら、概念的なテストカバレッジをより高めることができます。これは、視野が狭くなりすぎることを避け、まれに生じる壊滅的な故障を防ぐための優れた方法です。

　主要ワークフローや主要パスは、より適切に説明および伝達される傾向があり、チームはそれらを実装およびチェックする際により多くの注意を払います。しかし、エラー出力のような補助的な出力はそれほど注目されません。その結果、エラーハンドリングは主要ワークフローなどの処理よりもずっとバグが多く、リスクの高い状態になっています。CWE/SANS が公開している「CWE/SANS TOP 25 Most Dangerous Software Errors」訳注3 によると、最もリスクの高いプログラミングミスのトップ 4 は、無効な入力を不適切に処理していることが原因です。補助的な出力の問題は連鎖的に広がり、他の問題を引き起こす傾向があるため、特に厄介です。

　Yuan, Zhang, Rodrigues らは、「Simple Testing Can Prevent Most Critical Failures: An Analysis of Production Failures in Distributed Data-Intensive Systems」というプレゼンテーションで、エラーハンドリングをより厳密にテストしていれば、Amazon や Facebook などの大規模なオンラインシステムで発生したいくつかの壊滅的な故障は防げた、という可能性を示唆しています。

　同値クラスを決定するさまざまな方法を検討することで、ソフトウェア設計に関する有益な議論を行うことができます。例えば、私たちが協力したチームは、補助的な出力の同値クラスを調査したあと、ワークフローの多くで同様の監査要件があることに気づきました。それ以前は、各ワークフローで監査手順が重複しており、監査証跡の処理に多くの矛盾がありました。類似点に気づいたチームは共通の監査モジュールを作成し、ビジネスのステークホルダーを監査のニーズに関する議論に参加させました。これにより、多くの不要なコードが削除され、将来のメンテナンスコストが削減され、チームは

訳注3　現在は 2021 年に公開されたものであり、原著公開時とは異なっています。

Chapter 2 入力同値クラスだけでなく出力同値クラスも考慮しよう

新しい機能をより迅速に導入できるようになりました。さらに、ビジネスの
ステークホルダーに、すべての監査証跡活動への一貫した直接アクセスを提
供しました。

🔑 それを機能させる方法

　すべての観点が考慮されていることを確認するには、グループを分けて同
値クラスを設計する実験をしてみましょう。1つのグループは入力に、そし
て別のグループは出力に集中させます。その後、グループを集合させると、
有意義な議論につながることがよくあります。

　有効なケースを処理するときの入力における同値クラスと、無効なケース
を処理するときの出力における同値クラスを調査する、ということを覚えて
おくと役に立つでしょう。Bach、Caner、Pettichord の3人は、著書の
『Lessons Learned in Software Testing』（日本語訳：『ソフトウェアテスト
293 の鉄則』）の中で、このヒューリスティックを「すべてのエラーメッセー
ジをテストする」と呼んでいます。

　ただし、本節のアイデアは、より一般的なルールの一部と見なすようにし
てください。補助的な出力にはチームが思いつかないさまざまな種類があり
ます。一般的な具体例は、監査証跡、過去のログ、アラート、および後処理
タスクです。

入力と出力を明確に分離しよう

　書籍『Fifty Quick Ideas To Improve your User Stories』では、フォーマットの一貫性にとらわれすぎないようにすることをおすすめしています。ユーザーストーリーはすべて、実りある議論を促進するためのものであり、柔軟性を保つためにも、ストーリーカードの特定の構造や形式を強制しないほうがよいでしょう。

　同じことがユーザーストーリーに関する対話にも当てはまります。特定の形式やツールを強制することは効果的ではありません。しかし、よいユーザーストーリーの一側面である確認基準はそのパターンに当てはまらず、適切な構造と形式に関する厳密なルールが非常に役立ちます。

　経験の浅いチームは、構造化せず情報を統合して受け入れ基準を台なしに

することがよくあるため、実際に何がチェックされているのかが不明確になります。典型的な具体例を次に示します。

> シナリオ：新規ユーザー、不審な取引
>
> Given　イギリスから登録されたユーザーであり、
> And　そのユーザーが 60 ドルの注文を完了し、
> And　アメリカへの配達を希望した
> Then　その取引は不審な取引としてマークされる
>
> When　完了した注文として、
> And　ユーザーが 30 ドルの注文をし、
> And　イギリスへの配達を希望する
> Then　その取引は正常な取引としてマークされる
>
> When　完了した注文として、
> And　ユーザーが 30 ドルの注文をし、
> And　アメリカへの配達を希望する
> Then　その取引は正常な取引としてマークされる

　具体例を読んで、不審な取引とマークされる原因を突き止めてください。金額でしょうか、それとも、登録した国と配送先の国が違うのでしょうか。3 番目の具体例の目的は何でしょうか。最初の具体例とどのように異なるでしょうか。最初の具体例の「ユーザーが注文を完了する」と、2 番目と 3 番目の具体例の「ユーザーが注文する」に違いはあるでしょうか。読んだ人がすぐに目的を理解できなければ、ユーザーストーリーの受け入れ基準はまったく役に立ちません。

　先の具体例は、「過去に注文が承認されたことのある住所でなければ、登録した国と配送先の国が異なる場合は不審な注文である」と判断する配送システムでのものでした。あなたの予想は合っていましたか。金額はまったく無関係ですし、具体例では住所が表示されていません。いずれも自動テストの設定に隠されているのです。

　構造が不明確なシナリオは誤解を招く恐れがあります。それらは問題を引き起こすだけです。人々は簡単に間違えて理解します。誰かがユーザースト―

リーを自動テストとして実装して、テストを成功させることはできますが、要点を完全に見逃し、多くのバグを生み出します。不審な取引のシナリオがテストとして自動化されている場合、自動テストでカバーしたものとテスターが手動で確認する必要のある残されたものを区別して理解することは困難です。また、探索的テストに適した変数を見つけることも容易ではありません。厳密な構造を強制することは、このような問題を防ぐためのよい方法です。

悪いテスト構造のもう1つの典型的な具体例は、明確な入力のない出力またはアサーションです。「このようにテストする」という想定で、受け入れ基準にワイヤーフレームやレポートのスクリーンショットしかないものは簡単に見つかります。どのような条件であるかがわからない限り、これは有用な基準ではありません。そして、誰かが「いつもそうだから」と言いだす前に、ワイヤーフレームのいくつかの入力フィールドを見て、「コンテンツが長すぎるとどうなりますか？」や「スクロールを開始した場合はどうなりますか？」「写真が3枚以上ある場合はどうなりますか？」といった形で質問をしてみてください。ただし、常に起きるという仮定はしばしば間違っています。

厄介なシナリオをひもとく最良の方法の1つは、入力と出力を分離することです。

主な利点

入力と出力が明確に分離されている受け入れ基準は、コンテキストの失われたごちゃまぜなシナリオよりもずっと理解しやすいものです。受け入れの仕様が理解しやすければ、完全性の確認、実現、検証が容易になります。

明確な構造は、テスト自動化と探索的テストの両方にとってよりよい出発点でもあります。適切に構造化された具体例は、自動化の仕掛けをどこに配置するとよいかを簡単に理解させてくれます。明確に分離された入力により、これらの値を使用した実験について考えやすくなり、カバーされていない境界条件を特定することも容易になります。そして入力が特定されたら、入力を実験することで、常に起こっていることについての偽の仮定を明らかにすることができます。

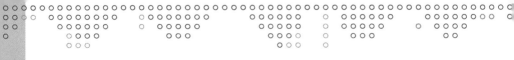

それを機能させる方法

　情報を表で表現するなら、入力を左側に寄せて、出力を右側に保持することをおすすめします。ほとんどの人はこれを直感的に感じます。そうすれば、すべての具体例に共通の入力値があるかどうかを簡単に確認でき、そのような共通の値を事前処理またはセットアップの部分に取り込むことで、表をさらに小さくすることができます。

　情報を文章や箇条書きで表現するなら、入力を上部に、出力を下部に配置します。具体例をGiven-When-Thenで記述するツールを使用している場合、これは、シナリオの上部に「Given」句を配置し、下部に「Then」句を配置することを意味します。「When」句は１つだけになることが理想的です。「When」句は、テスト中のアクションです。

　厄介なシナリオがある場合は、整理整頓に多くの時間を費やさないでください。入力と出力を分離することが難しいことが判明した場合、それはチームがユーザーストーリーを完全に理解していないことを示す重要な警告です。厄介なシナリオの整理整頓で時間を無駄にする代わりに、そのユーザーストーリーについての議論の場を新たに設け、いくつかのよりよい具体例を書いてください。

入力と出力を明確に分離しよう

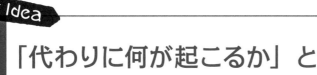

「代わりに何が起こるか」と尋ねよう

　非同期システムのテストは決して簡単ではありません。非同期システムで何かが起こらないことを証明することは、最高のチームにとってさえ難しいことです。例えば、利用者の口座に取引を行うための十分な金額が残っていない場合、エラーメッセージがユーザーに表示されることを確認するのは簡単ですが、一部のバックグラウンドプロセスがその取引では行われなかったことを確認するのはずっと困難です。適切な場所を見ていない、成功を宣言することが早すぎる、またはプロセスに予期しない副作用があるというリスクが常にあります。

　傷口に塩を塗ることになりますが、何かが起こらなかったことを証明する必要があるテストは、しばしばバリデーション制約とエラーケースを扱いま

す。これは、副作用がさらに危険であることを意味します。

　非同期システムをテストする方法としては、一定期間待機するのではなくイベントを待機することをおすすめします。しかし、「何かが発生していないこと」を確認する必要がある場合は、待機していてもイベントは発生しません。唯一のオプションは、任意の期間待機することです。

　このようなテストは脆弱で、環境に依存し、他の多くの要因の影響を受けやすくなります（例：同じ環境で実行され、同様の取引をログに記録する別のテスト）。何かが起こらないことのテストには無効なデータが含まれることが多く、データソースを検証するための一意の識別子がありません。そのため、チェックで多くの情報を処理する必要があり、さらにチェックが遅くなってしまいます。そのため、問題はより深刻になります。

　このような状況に対するよい解決策は、「代わりに何が起きるか」を尋ね、結果の状態を検証することです。例えば、一定期間後に取引が存在しないことを確認する代わりに、失敗した取引が監査証跡に記録されていることを確認します。さらにリスクをカバーするには、失敗した取引が記録されたすぐあとに、その取引が処理されなかったことを検証しましょう。

　理想的には、元のイベントが通常発生するのと同時に、代替イベントが観察可能になるべきです。これには例えば、監査ログのレコードを、取引を処理するのと同じバックエンドのコードによって生成します。これにより、特定のテストケースで監査ログに失敗したレコードがあった場合、それ以降の処理が行われていないことを容易に確認できます。

主な利点

　イベントがない代わりに代替イベントを記述すると、テストの信頼性が高まります。これは、一定期間待つのではなく、イベントが発生するまで待つことができるためです。それぞれのテストは一意の識別子で実施できるため、他のテストから潜在的な干渉を取り除けます。

　このアプローチの最大の利点は、実際にテスト容易性を向上させることではなく、追加の仮定と隠れた要件を発見することにあります。例えば、失敗

したログイン試行を単に無視する代わりに、あとで分析するためにログに記録することができます。異常なデータパターンや失敗したログインの急増を見つけることで不正アクセスを早期に検出し、追加のルールを導入することでシステムをより安全にすることができるのです。

　私たちが協力したチームの1つは、このような状況において、セキュリティスペシャリストと話し合い、1時間に5回以上ログインに失敗したユーザーアカウントは一時的にブロックし、手動で調査するためにフラグを立てることにしました。これにより、セキュリティの専門家はパターンを見つけて、将来のハッキングの試みを簡単に防ぐことができました。

🔑 それを機能させる方法

　代替イベントについて質問する最適なタイミングは、監査またはトレーサビリティに関する本物のビジネス要件が見過ごされないようにするために、ユーザーストーリーについて話し合うときです。場合によっては、代わりに何をすべきかについて話し合うことで、まったく異なる一連の要件を発見できることがあります。

　例えば、あるクライアントのチームが決済処理ルートの選択方法について話し合っていたとき、彼らは外貨での取引の扱いについて認識が合っていませんでした。彼らは当初、単一通貨の取引のみを処理することを想定していましたが、開発者は、使用する予定の外部APIが異なる通貨で取引を送信する可能性があることを指摘しました。

　そのような取引を直接処理するべきではないことは明らかでしたが、ステークホルダーたちは代わりに何をすべきかについてまったく異なる考えを持っていました。拒否する必要があると主張する人もいれば、主要通貨に変換して処理する必要があると主張する人や外部APIは外貨での取引をサポートしているものの、顧客は主要通貨以外のものを使用しないと主張する人もいました。

　このような状況では、多くの場合、代替シナリオを別のユーザーストーリーに分割することが最善です。この場合、私たちは、外貨での取引は手動の支

払いリストで行うべきであり、より一般的な解決策を思いつくまで、ステークホルダーたちにはケースバイケースでそれらをどうするかを決定させることに同意しました。

　監査証跡または代替イベントを追加するビジネスドメイン要件がない場合は、ログファイルまたはその他の技術的な出力を使用して非同期処理の終了を検出することを検討してください。非同期リクエストにある種の一意の識別子を割り当て、ログファイルまたはエラーキューにその識別子を持つ要素が含まれるまで、テスト中に待機するのはよい方法といえます。

Given-When-Then の
順序を守ろう

　振る舞い駆動開発（Behavior-Driven-Development：BDD）はますます
人気が高まっており、それに伴い、具体例を記述するための Given-When-
Then 形式がますます注目を集めています[訳注4]。Give-When-Then は、具体
例を使用して機能のチェックを表現する事実上の標準のように見えます。
2003 年に JBehave の一部として導入されたこの構造は、チームとビジネス
のステークホルダーたちの会話をサポートすることを目的としていました。
しかし、それだけでなく、テストとして自動化しやすい表現や合意に向けて、
それらの議論を導くようにもなりました。

訳注4　原著が出版された 2015 年頃の状況です。

Give-When-Then の形式は、ホワイトボードやフリップチャートで簡単に表現でき、プレーンテキストファイルや Wiki ページなどのドキュメントへ簡単に転記できるため、優れているといえます。さらに、Given-When-Then として指定されたテストをサポートする、現在の一般的に利用されるすべてのアプリケーションプラットフォーム用の自動化ツールもあります。

一方、Given-When-Then は非常に癖の強いツールであり、適切に取り扱わないと、悪影響を生み出す可能性があります。フォーマットの真の目的を理解せずにいると、多くのチームは、長すぎて、維持が難しく、理解がほとんど不可能なテストを作成します。典型的な具体例を次に示します。

シナリオ：給与の支払い額の計算

Given 管理画面が表示された
When ユーザーは［従業員名］に「John」と入力し、
And ユーザーは［給与］に「30000」と入力し、
And ユーザーは［追加］をクリックする
Then ページが更新され、
And ユーザーは［従業員名］に「Mike」と入力し、
And ユーザーは［給与］に「40000」と入力し、
And ユーザーは［追加］をクリックする
When ユーザーは［給料明細書］を選択し、
And ユーザーは［従業員番号 1］を選択し、
Then ユーザーは［表示］をクリックする
When ユーザーは［情報］をクリックする
Then ［給与］が「29000」と表示される
Then ユーザーは［編集］をクリックし、
And ユーザーは［給与］に「40000」と入力する
When ユーザーは［表示］をクリックし、
And ［給与］が「31000」と表示される

この具体例は、最初に書いた人には明らかだったかもしれませんが、他の人にとってその目的は不明瞭です。これは、実際には何をテストしているのでしょうか。給与額はテストのパラメーターでしょうか、それとも期待される結果でしょうか。このシナリオの後半のステップの 1 つが失敗した場合、問題の正確な原因を理解することは非常に困難になります。

話し言葉はあいまいなので、先ほどの具体例を「従業員に給与がある場合…、税額控除が…の場合、従業員は給与明細を受け取り、給与明細は…」のように話してもまったく問題ありません。また、「従業員に給与がある場合…、税額控除が…である場合」または「従業員に…そして税額控除が…次に給与明細が…」と話しても問題ありません。これらの組み合わせはすべて同じ意味であり、より広い文脈の中で簡単に理解できます。

しかし、少なくとも長期的なテストメンテナンスの観点から具体例を最大限に活用したい場合は、この状況を説明する正しい方法は Given-When-Then しかありません。

Give-When-Then は、期待値を説明するための自動化に適した方法であるだけでなく、明確な仕様を設計するための構造化パターンです。これは、かなり前から別の名前で出回っており、ユースケースが一般的だったときには、「前提条件 − トリガー − 事後条件」として知られていました。単体テストでは、「Arrange-Act-Assert」として知られています。

順序は重要です。「Given」は「When」の前にあり、「When」は「Then」の前にあります。これらの句を混在させないでください。すべてのパラメーターは「Given」句で指定する必要があり、テスト対象のアクションは「When」句で指定する必要があり、すべての期待される結果は「Then」句で列挙する必要があります。理想的には、それぞれのシナリオにテストの目的を明確に示す「When」句を 1 つだけ含める必要があります。

主な利点

　Give-When-Then を順番に使用すると、非常に効果的にテスト設計のいくつかの優れたアイデアを思い出すことができます。

- 前提条件と事後条件を識別して分離する必要があること（詳細は【 ≡Idea 入力と出力を明確に分離しよう】を参照してください）

- テストの目的を明確に伝え、各シナリオで 1 つだけチェックする必要があること（【 ≡Idea 1 つのテストでは 1 つの関心ごとを扱おう】を参照してください）

- テスト中のアクションが「When」句 1 つだけであり、人々はテスト実行のメカニズムを超えて、明確な目的を実際に特定することを余儀なくされること（【 ≡Idea 「どうやって」ではなく、「何を」テストするのか説明しよう】を参照してください）

　Given-When-Then を正しく使用すれば、チームが理解とメンテナンスの容易な仕様とチェックを設計するのに役立ちます。テストは 1 つの特定のアクションに焦点を合わせているため、壊れにくく、診断とトラブルシューティングが容易です。また、パラメーターと期待値が明確に分離されていると、具体例を追加する必要があるかどうかを評価し、見落としているテストケースの発見が簡単になります。

それを機能させる方法

Give-When-Then の誤用を防ぐよいトリックは、「Given」句に過去形を使用し、「When」句に現在形を使用し、「Then」句に未来形を使用することです。これにより、「Given」句が前提条件とパラメーターであり、「Then」句が事後条件と期待であることが明確になります。

値を説明する「Given」と「Then」を受動態にして、テスト対象のアクションを説明する「When」を能動態にしてもいいでしょう。

シナリオ：訳者追記「給与の支払い額の計算」の一部を使った改善例

Given 管理画面が表示され、
And ［従業員名］に「John」と入力され、
And ［給与］に「30000」と入力された
When ユーザーは［追加］をクリックする
Then 従業員番号 1 の［給料明細書］の［給与］に「29000」と表示される

1つのテストでは
1つの関心ごとを扱おう

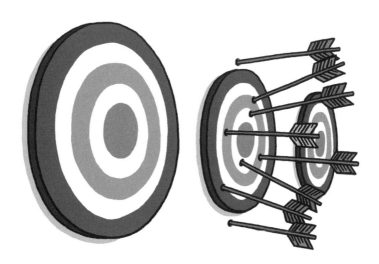

　焦点の欠如は問題のあるテストの症状であり、比較的簡単に見つけることができます。焦点が合っていない典型的な具体例としては、単一のテストで複数のアクションを扱っている場合や、わずかに異なるパラメーターで複数回一連のアクションを実行する場合が挙げられます。Given-When-Then の形式では、この症状は複数の「When」句、または接続詞を使用する単一の「When」句に変換されます。

テストが複数のタスクを実行し、それらが一体になってより高いレベルのアクションを構成する場合、それは多くの場合、特定の技術要素としてのワークフローに緊密に結合されていることを示しています。このようなテストは、開発後に作成されることが多く、実装の詳細に依存しているため、壊れやすくなります。典型的な具体例を次に示します。

```
When   ユーザーが支払いの詳細を送信し、
And   管理者が支払いを承認し、
And   支払いがスケジュールされ、
And   支払いチャネルによって支払いが実行され、
And   支払いがカウンターパーティに送信され、
And   支払い確認がカウンターパーティから到着し、
And   支払い確認が支払いチャネルでロードされる
```

この具体例では、2つの非同期モジュールを持つ特定の実装で発生する個々のステップを書き出しています。このテストは、将来、技術コンポーネントの使い方を変更した場合、ビジネスルールや支払い処理のソフトウェア実装が変更されていなくても失敗します。このようなテストの中でも特に問題のあるテストは、タスクまたはアクションがユーザーインタフェースの詳細に依存しているテストです。

複数の相互に依存するアクションを実行するテストは壊れやすく、維持するために多くのコストがかかります。シーケンス内のアクションは前のアクションの結果に依存するため、そのようなアクションの1つに小さな変更を加えると、偽のアラートを通知したり、他のアクションが求める動作に故障が発生したりする可能性があります。このようなテストは、相互依存性により期待を正しく理解して変更することが困難になるため、トラブルシューティングと修正が困難です。

各テストは、理想的には1つのトピックに焦点を当てる必要があります。また、各トピックは、理想的には1つのテストで説明する必要があります。複数の「When」句、接続詞を含むアクション、および焦点の欠如を示唆するシナリオ名に注意しましょう。

そして、それらをいくつかの独立したテストに分解しましょう。それにより、より多くの価値を得ることができます。

主な利点

さまざまなアクションに対するいくつかの独立したテストは、すべてを検証する1つの全体的なテストよりもメンテナンスがずっと簡単です。1つのアクションを変更しても影響は局所化されているので、テストへの影響を理解し、期待値を調整することが簡単になります。

同様に、1つのアクションのテストを変更しても、他のアクションのテストを変更する必要はありませんが、これを1つの包括的なテストで防ぐことはできません。

テストが1つの特定のアクションに焦点を合わせているとき、完全性について議論しやすくなります。そして、その特定のアクションの重要な境界条件に関するコンテキストの具体例を追加するのも簡単です。一方、複数のアクションを実行するテストは、潜在的な境界条件の組み合わせ爆発に悩まされるため、重要な境界を探索するのではなく、1つのシナリオをチェックするだけであることがよくあります。

独立したテストにより、より迅速なフィードバックも可能になります。開発者がアクションの1つを変更する場合、他のアクションのテストが完了するのを待つ必要はなく、変更するアクションのテストのみを実行すれば十分となります。

それを機能させる方法

アクション間の依存関係に応じて、複数のアクションを実行するテストを整理するためのいくつかの優れた戦略があります。

テストが複数のタスクを順番に実行することで高レベルのアクションを構成する際、多くの場合、テストで使用される言語と概念は、テストの目的ではなく、テスト実行のメカニズムを説明しています。この場合、ブロック全体を単一のより高いレベルの概念に置き換えられるでしょう。次に具体例を示します。

> When 給与が承認のために登録され、
> And 給与が承認され、
> And 支払いがキューに入れられ、
> And 給与明細が生成され、
> And 従業員が支払いを受け取る

個々のステップが重要な前提条件を示している場合、例えば支払いがキューに入れられていない場合に何が起こるかをテストしたい場合、そのような条件は「When」句にするのではなく「Given」句へ移動する必要があります。詳細については、【 Idea Given-When-Then の順序を守ろう】を参照してください。

個々のステップに重要なバリエーションはないが、実装の技術的な流れのために順番に実行される場合は、ブロック全体を次のような単一の上位レベルのアクションに置き換えることができます。

> When 給与が処理される

そのような場合に対処する方法に関するいくつかのアイデアについては、【 Idea 「どうやって」ではなく、「何を」テストするのか説明しよう】を参照してください。

Chapter 2

1つのテストでは1つの関心ごとを扱おう

同様のパラメーターに依存し、出力を再利用するためにテストが複数の相互に依存するアクションを実行する場合は、それらを個々のシナリオに分割することが最善です。このためのよいテクニックは次のとおりです。

1. すべての共通パラメーターを単一のセットアップブロックにグループ化する（Given-When-Then では、これは通常、共通の事前処理部に入る）

2. 「When」句ごとに個別のシナリオを作成し、それに必要なすべての個別のパラメーターを直接列挙する。その際、「Given」句でのアクションは避け、代わりに前提条件として値を指定する

3. 元のテストの「Then」句を分割し、関連する焦点を絞ったシナリオに割り当てる

4. 「Then」句なしのシナリオは実際には何もチェックしない。他のシナリオのコンテキストを設定するためだけに存在していた場合は、それらを削除する。それらがシステムの重要な側面を説明している場合は、関連する期待値を追加する

≡ Idea

境界条件が多すぎるときは、モデリングの問題を疑おう

　複雑なモデルを説明するのは困難です。そういったモデルの一般的なケースが簡単に理解できる場合でも、それらは通常、膨大な数の境界条件と特殊なケースを意味します。

　そのようなモデルを自動化するために構築されたソフトウェアシステムはテストが非常に困難になります。テストの必要な関連するエッジケースは、多くの場合、巨大な状態遷移表、複雑な状態図、または入力と出力の具体例の組み合わせ爆発をもたらします。そして、このような複雑なモデルの全体像を把握している人がいるかどうかを知ることはほとんど不可能になります。

　つまり、どれだけのテストで十分かを判断することも困難です。エッジケースが多すぎるテストは、理解が難しく、更新が困難なのです。それらはしば

しば非常に壊れやすく、維持するのにコストがかかります。

　ペアワイズテストやパスベースのカバレッジなど、このような状況のテストを管理および設計するための一般的な手法はいくつかあります。しかし、多くの場合、実際には間違った問題を解決しています。

　難しいテストは症状であり、それ自体が問題なのではありません。チームがテスト中に全体像を把握することが難しい場合、開発中または要件に関する議論中にチームが全体像を把握することも困難になります。この複雑さがテスト中に初めて明らかになることがあるのは残念ですが、問題の原因は別の場所にあります。

　これは、テストの問題ではなく、モデリングの問題と考えるほうが有用です。膨大な数の特殊なケースと境界条件は、多くの場合、チームが基盤となるソフトウェアモデルに対して間違った概念と抽象化を選択したこと、またはシステムの一部が緊密に結合されすぎて単独で検討できないことを意味します。またこれは、ソフトウェアシステムが、自動化しようとしているプロセスや解決しようとしている問題とうまく整合していないことを意味している可能性もあります。

　例えば、私たちが協力していた金融機関のチームは、会計およびレポートシステムを書き直していました。報告規則と税法は国によって異なるため、最初のテストのアイデアにより、困難な境界条件でいっぱいのホワイトボードがいくつか作成されました。彼らが具体例を書くために壁の空白を使い果たしたとき、それが氷山の一角にすぎないことは誰にとっても明らかでした。

　複雑なドメインと複雑な組織構造によって引き起こされるテストの問題として、この状況を説明するのは簡単です。大企業、特に金融機関のチームは、自分のドメインが他のソフトウェアよりもずっと複雑であると考える傾向があり、難しいテストを現実として受け入れています。しかし、それはしばしば自己達成的予言[訳注5] です。

　人々は過度に複雑な解決策を受け入れるため、テストは高価で複雑になり、設計のクリーンアップとシステムの簡素化がより困難になります。この問題

境界条件が多すぎるときは、モデリングの問題を疑おう

訳注5　心理学で使われる言葉で、たとえ根拠のないうわさや思い込みといった予言でも、人々がそれを信じて行動すると、その予言が現実になってしまう現象。

に対して、チームは、これをテストの問題ではなくモデリングの問題と見なして、「取引元」の抽象化など、いくつかの欠落しているドメインの概念を発見しました。彼らはテストケースを、取引元の計算に役立つテストケースと、計算方法に関係なく取引元を使用して税法とレポートのニーズを選択するテストケースに分類しました。これにより、システムの設計が大幅に改善されました。

以前は、テスト中にソフトウェアモデルが間違っていることに人々が気づいた場合、何か役に立つには遅すぎる、というのが現実でした。テストケースを設計した人々は、ソフトウェアモデルについてほとんど発言権を持っていませんでした。そしてテストが開始されるまでに、通常、根本的に変更するにはシステムが大きくなりすぎていました。

ただし、デリバリー間隔が短くなり、テストと開発が統合される傾向となっているため、テスト中に過度に複雑なモデルを発見することは、非常にタイムリーで有用な場合があります。チームは、状況を受け入れてテスト管理手法で多数の境界条件と戦おうとする代わりに、基盤となるシステムの改造を開始する必要があることを示すシグナルとしてこれを使用できます。

主な利点

あまりにも多すぎる境界条件をモデルの変更が必要なシグナルとして扱うと、チームはより優れたソフトウェアアーキテクチャの作成とソフトウェアの設計にそれらを役立て、システムのテストがずっと簡単になります。モデルの異なるコンポーネント間のよりよい分離は、より焦点を絞ったテストケースにつながります。

相互依存関係を取り除き、より優れたインタフェースとより高いレベルの抽象化を作成することで、入力と出力の組み合わせ爆発を回避し、大きな状態遷移表と複雑な図を、焦点を絞った主要な具体例のいくつかの分離されたセットに置き換えることができます。これは、同じリスクカバレッジに必要なテストケースが少ないことを意味します。そのため、そのようなテストケースでシステムをチェックするほうが迅速ですし、テストを維持するのも簡単

で安価となります。

このような利点もありますが、より優れたソフトウェアモデルの主な利点は、実際にはテストが容易になることではなく、進化が容易になることにあります。ソフトウェアモデルの全体的な複雑さを軽減することで、理解しやすいシステムが得られるため、開発が容易になります。また、変更がより局所化されるため、メンテナンスが安価になり、個々の部分の入れ替えが容易になるため、拡張が容易にもなります。

🔑 それを機能させる方法

プログラミングの前にテストケースの設計を実験して、潜在的なモデルを調査および評価しましょう。もとになるモデルを比較的少数の主要な具体例で説明することが難しい場合は、別のモデルを試しましょう。

Eric Evans は、著書『Domain-Driven Design』（日本語訳：『エリック・エヴァンスのドメイン駆動設計』）の中で、このような状況はビジネスのステークホルダーたちとデリバリーチームのメンタルモデルの不整合が原因であることが多く、隠されたドメインまたは暗黙のドメインの概念を探すことは、一般に設計のブレークスルーにつながる、と主張しています。

最初に思いついた改造のアイデアをすぐに受け取らないでください。3つまたは4つの異なるアプローチを試して、それらを比較して、具体例として、シナリオが少なくなり、構造が明確になる方法を確認しましょう。

境界条件が多すぎるときは、モデリングの問題を疑おう

テストシナリオに登場する表はできるだけ小さくしよう

　具体例とともに提供される仕様では、多くの場合、主要な具体例のセットが表としてまとめられ、さまざまな入力がさまざまな出力にどのようにつながるかが明確に示されます。表の力は、問題を関係性のみに落とし込み、可能な限り多くのセマンティックノイズを取り除くことにあります。

　ただし、指定されている機能に影響を与えるルール、例外、および微妙な違いの数によっては、これらの具体例の表が非常に大きくなる可能性があります。これは、表形式の有用性を損なうため、問題になります。表を利用して、具体例を隠すのではなく、明確にしなければなりません。この目的のために、小さい表のほうが大きい表よりも効果的である傾向があります。

　表が大きくなってしまう一般的な原因は、1つの機能の多くの異なる側面を説明するために、1つの大きな表を使おうとすることです。ある仕様では、多くの従属変数があり、それぞれの変数は、より広い表の新しい列になります。列の数が増えれば増えるほど、より多くの値の組み合わせをカバーする必要があり、その結果、具体例の行が爆発的に増えてしまいます。

　ブラックジャックゲームのアプリケーションを具体例として挙げてみましょう。プレイヤーへの払い戻しはさまざまな要因に左右されるので、それを表現するためには、プレイヤーの勝ち負けや、賭けた金額がどれだけ戻ってくるかなどのルールを規定する必要があります。これらのケースをカバーするために、次ページのような表を作成することがあります。この大きな表でも、入力値の特徴的な組み合わせをすべて網羅しているわけではありませんし、完全に理解するためには、それぞれの結果についてもっと多くの具体

例が必要になるでしょうから、このような表は簡単に大きくなります。しかし、表現力があり、生きたドキュメントとして役立てるには、すでに大きすぎます。

　このような組み合わせ爆発を防ぐためには、一度に1つのルールやコンセプトを扱い、それに関連する変数や具体例の値のサブセットのみを含めることが最善の方法です。そのため、私たちの機能仕様は、つなぎ合わせる概念のまとまりと、それを説明するための小さな具体例の表で構成されます。

賭け金	ダブル	インシュランス	サレンダー	プレイヤー	ディーラー	結果	払戻額
10	no	no	no	19	18	勝ち	20
10	no	no	no	18	19	負け	0
10	no	no	no	19	19	引き分け	10
10	no	no	no	ブラックジャック	19	ブラックジャック	25
20	no	no	no	10	バースト	勝ち	40
10	no	no	no	バースト	バースト	負け	0
10	yes	no	no	19	18	勝ち	40
10	no	no	yes	6	18	サレンダー	5
10	no	yes	no	21	ブラックジャック	負け	10
10	no	yes	no	21	19	勝ち	20

　最初の6行は基本的なケースであり、プレイヤーは特別なアクションを実行しません。したがって、これらの具体例では、別のより単純な表を作成できます。また、結果の概念を払い戻しの概念から分離して、それぞれを個別に処理することもできます。つまり、結果の決定に関する具体例から、賭け金への参照を削除できるのです。

　簡単なケースのあとに、ブラックジャックで勝ち、バーストするという特別なケースを紹介します。

テストシナリオに登場する表はできるだけ小さくしよう

プレイヤー	ディーラー	結果
19	18	勝ち
18	19	負け
19	19	引き分け
ブラックジャック	19	ブラックジャック
10	バースト	勝ち
バースト	バースト	負け

　手札とその結果の組み合わせが異なる結果につながる具体例をいくつか挙げたので、賭け金、結果、払い戻しの関係を示すことができます。

賭け金	結果	払戻額
10	勝ち	20
20	勝ち	40
10	ブラックジャック	25
10	引き分け	10
10	負け	0

　ブラックジャックやバーストを説明するのと同じように、インシュランスのオプションである特殊なケースも別の表で説明できます。なお、インシュランスだけでなく、ダブルやスプリットといったオプションも同様です。こうすると、賭け金の額を 10 に固定でき、インシュランスのシナリオに固有の列のみを使用できます。

インシュランス	プレイヤー	ディーラー	払戻額	インシュランスでの払戻額
yes	21	ブラックジャック	0	15
no	21	ブラックジャック	0	0
yes	19	21	0	0
yes	ブラックジャック	ブラックジャック	10	15
yes	ブラックジャック	17	25	0

主な利点

　表を小さくすると、関連する一連の具体例を1つのルールに集中させることができます（【≡Idea 1つのテストでは1つの関心ごとを扱おう】も参照してください）。またその際は、そのルールに関連する列と値のみを含める必要があります。そうすることで通常、システムの動作への変更は、その動作を具体的に処理するいくつかの表にローカライズされて小さい表となり、メンテナンスがずっと簡単になります。

　ルールとその具体例の関係が明確な場合、具体例のエラーを見つけるのはずっと速くなり、これはいくつかの小さな表を使用することでさらに簡単になります。例えば、最初の大きな表の9行目にエラーが含まれています（合計払戻額は10ではなく15である必要がある）が、それは明らかではありません。

　このケースは、インシュランスの表の最初の行に相当します。特に、もし表の前に短いルールの説明がある場合は、例えば、「インシュランスは、元の賭け金の半分の金額（つまり、10の賭け金の場合は5）による個別の賭けであり、ディーラーがブラックジャックを持っている場合、インシュランスでの賭け金の2倍を支払う」のように、間違いがより明確になります。

それを機能させる方法

　表を単一の概念に関連する具体例のグループに分割することから始めます。行数が少ない複数の表を作成するだけで、読みやすさが向上します。

　次にこれらの小さなグループで、同じ値を持つ列、または出力に直接影響しない値を探します。そして、これらの列を削除します。

　それから、各表に、表の具体例が示す概念または規則を説明する簡単なテキストの紹介があることを確認してください。その際、関連する概念と表をリンクして、関連する表の間を簡単に移動できるようにします。

3種類の競合する力の
バランスを取ろう

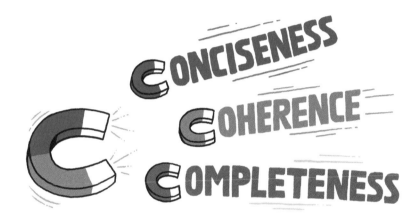

振る舞い駆動開発（Behavior-Driven-Development：BDD）において、テストアーティファクトと実行可能な仕様は、次の3種類の重要な役割を果たせるように設計することが理想的です。

- **仕様**：何を実装しなければならないのか、何を変更しなければならないのか
- **受け入れテスト**：対象のフィーチャーを受け入れるにあたって確認する特定のケース
- **ドキュメント**：対象のフィーチャーの振る舞い

これら 3 種類の役割が最大限の価値を発揮できるようにするため、私たちは実行可能な仕様について「3 つの C」を均衡させなければなりません。

- **仕様の簡潔さ**：Conciseness
- **テストカバレッジの完全性**：Completeness
- **ドキュメントの統一性**：Coherence

アーティファクトを作成するときには、異なるタイミングで次の 3 種類の役割が果たせるよう心がけましょう。それは、今現在は「仕様として」、直後に「受け入れテストとして」、そしてあとでは「生きたドキュメントとして」の役割です。

それから、それぞれの観点からアーティファクトを批判的に観察しましょう。独立したそれぞれの役割を果たせているでしょうか、他の役割を台なしにして一部の役割に最適化しすぎていないでしょうか？

主な利点

3 種類の力（簡潔さ、完全性、統一性）が適切に均衡していると私たちが気づくのは、ある 1 つのアーティファクトがすべての目的を効果的に達成しているときです。適切に均衡させるためには、話題を明確かつ精密に扱いつつ（簡潔さに関係します）、重要な関係性および標準的なケースと同じように特殊なケースへの注意を喚起するようにします（完全性に関係します）。そして、丁寧な導入で具体例のための背景も提供し、一般的なルールと特殊な具体例の均衡も取らなければなりません（統一性に関係します）。

仕様はできるだけ簡潔にすることが最善です。簡潔な仕様は繰り返しや過剰な詳細化、冗長な記述、関連する他の仕様との情報の重複を防いでくれます。簡潔さは、実装チームが注意をそらすのを最小限にとどめつつ、実装あるいは変更しなければならない対象の正確な範囲を理解するのに役立ちます。

　一式の受け入れテストに求められるのは、対象のフィーチャーだけでなく統合されたそれ以外のフィーチャーに対するカバレッジの完全性です。カバレッジが広くなればなるほど、ユーザーストーリーあるいはフィーチャーの回帰バグのリスクや統合時のリスクは低下していきます。優れた受け入れテストは「ハッピーパス」を確認するだけでなく、代替パスや失敗するパスも確認します。これは、「自分と相手の隙間を通り抜けた」系の欠陥を予防するために、フィーチャーや変更に関するエッジケース以外もテストする傾向があることを意味し、すなわち、一般的にテストの範囲は変更の範囲よりも広くなるのです。それ自体は悪くないのですが、その傾向は仕様の簡潔さと直接的に競合します。

　私たちはよいテストケースだけでなく、そんなによくないテストケースもあることを認識しなければなりません。また、考えられるすべてのケースを網羅しようと躍起になるべきではありません。そのため、完全性は絶対的な目標ではなく、なるべく実現されるように目指すものとして理解しなければなりません。

　ドキュメントには統一性が必要です。つまり、それぞれのアーティファクトは他のアーティファクトと同じ形式で同じ語彙を用いた誰にとっても論理的で理解しやすいものでなければならないのです。統一性は知識の共有を促進し、長期間製品を運用するコストを軽減します。そして仕様やテストが有益である期間を延長して、投資に対する成果を説明します。また、ドキュメントの統一性は、具体例の記述が自分たちのルールに適合した形式になることを促進します。

🔑 それを機能させる方法

　チームが仕様化ワークショップでホワイトボード的な何かに詳細を記述しているとき、たいていの場合はビジネスルールの複雑さを解きほぐすために議論された、シナリオやケースに関する主要な具体例を記載しています。次の段階では具体例を補強する十分な背景を追加し、議論に参加しなかった人にも理解できるようにします。

Jeff Patton は『User Story Mapping』（日本語訳：『ユーザーストーリーマッピング』）で、ワークショップで作成したアーティファクトは休暇中に撮影した記念写真のようなものだと述べています。なぜなら、写真を見れば、その場に行かなかった人もまるで一緒にいたような気分になれるからです。仕様化ワークショップに参加した人にとって自分たちの記述した主要な具体例は、そこで議論した内容や質疑応答や最終的な具体例に至るまでの経緯などすべての内容を思い出させるスナップ写真のようなものなのです。そのため、長い間有益でいられる項目を作るように心がけることが重要です。全員が仕様から最大限の価値を得るには、論理的な方法でこの写真を組み立てなければなりません。

仕様やテストの延長線ではなく、一貫性のあるドキュメントの果たす長期的な役割についてあらかじめ考えるようにすると最良の結果が得られるはずです。

ここで、いくつかのコツを紹介します。

3種類の競合する力のバランスを取ろう

- すべての具体例は何らかの導入文を常に一緒に提供しよう
- 複雑な具体例より先に簡単な実際の具体例を見せよう
- 関連性のある具体例や相補的な関係の具体例は小さいグループにまとめよう
- 主要な具体例を強調して仕様の中でそれが目立つようにしよう。そして、対象の実際のビジネスルールの記述へ近づけよう
- もしケースをカバーするためにさらなる包括的なテストを扱うのなら、表やシナリオを分離して維持しよう。もしくは別のフィーチャーのファイルやページに定義し、対応するタグも付けよう

最初にアサーションを書こう

　入力と事前処理の部分を必要以上に複雑にしすぎることは、具体例に基づく仕様やテストにおける最も一般的な問題の1つです。実際のところ、これは【 Idea テストシナリオの期待値には数式ではなく具体的な値を記述しよう】で説明した問題とは真逆の問題です。多くのチームが入力をできるだけ具体的にして前提を隠さないようにしようとした結果、テストの目的には特に関係のないコンテキストの情報やさまざまなパラメーターが盛りだくさんになってしまうのです。実際に、事前処理の部分に詳細なコンテキストの説明が長々と記述されていることがよくあります。

例えば、つい最近一緒に仕事をしたチームでは、さまざまな支払い方法に応じた税控除金額の計算に取り組んでいました。チームのすべてのテストは最初に金融証券を準備して、地域によって異なる税法を定義し、口座保有者に関係する大量の個人レベルの詳細情報とともに個人の口座を準備して、準備した口座の取引記録を作成し、ようやく本来のテストを実行するようになっていました。

文章は60行から70行もあるのに直接的にテストに関係する記述は最後の5行だけでした。チームメンバーはできるだけ具体的にしようと考えたからすべてをそこに詰め込んだのでしょうし、前提となるデータモデルにはそれらの情報が必要だったのです。そのように、本当にテストしたいことを明確に考えるようにしないと、シナリオを記述する人が大事だろうと考えたことをすべて詰め込んでしまうのです。

そうすると仕様は複雑になりすぎてしまうし、どの入力パラメーターがテスト対象のアクションの振る舞いに作用するのか理解することが極めて困難になります。また、このようにドキュメントが複雑になると分割することも困難になります。それぞれのアクションに対して、入力のどの部分を残し、どの部分を書き換えるべきかわかりにくいからです。

直感的にドキュメントは先頭から書くものだと考えるものではありますが、テストについては実は末尾から書いていくほうがよいのです。最初に出力、すなわちアサーションやチェックを書きましょう。それから、その出力を得る方法を説明するのです。これをGiven-When-Thenの形式のシナリオに当てはめると、最初に「Then」句を書くことが効果的であることを意味します。また、表形式の仕様では、最初に結果をチェックするための右端の列を書き、その右端の列に値を埋めることが効果的であることを意味します。

主な利点

　出力から書くようにすると、1つのテストで同時にさまざまな内容をチェックする可能性は極めて低くなります。自然にさまざまな側面が異なる出力へ分割されるからです。出力から書くようにすることは、「1つのテストは1つのアクションに集中する」や「明確さと完全性の均衡を保つ」といった、優れたテスト設計が備える多くの側面を促進します。

　出力を記述してから入力および事前処理を記述するテストでは、人々はたまたま起きるようなことの詳細記述を省略する傾向があります。そのため、何であれ直接出力に結びつかない事象は入力に記述する必要はないのです。テストはボトムアップに記述しましょう。最初に出力を書いて、なるべく短くなるよう、より直接的に目的を説明するのです。

　最後に、そうして記述したテストが成長し理解できないほど複雑に肥大化してしまっても、いくつかのテストへ分割することは入力から書き始めたテストと比べてずっと簡単です。出力を列挙するところからテストを書き始めれば、残りのドキュメントは自然に出力に即した構成になります。出力を分割しなければならないとしても、入力の部分と出力の部分の対応関係は明らかなのです。

それを機能させる方法

　出力を一般的な表現で記述する代わりに具体的な値を使ってみましょう。出力が具体的になれば、間違った前提を隠し通すことが難しくなります。

　また、このアイデアを、末尾を完璧に記述してから中段、先頭へと進めるような一直線にドキュメントを書く方法だと誤解しないでください。そのやり方ではうまくいきません。最初に出力を考え、そしてその残りのテストの部分に集中しますが、そのような作成方法は一般的な考え方とは逆になるため、一直線ですべての主要な具体例を網羅することは難しいのです。

Chapter **2** 最初にアサーションを書こう

同じように、出力と入力が異なる同値クラスを持つようになるのはよくあることです。そのため、私たちは出力と入力を完全に探索するためには両方を考慮する必要があります。つまり、いくつかの初期入力を定義したあとで、初めていくつかの入力クラスを発見することになるのです。

　1回の試行で完成させることを期待するのではなく、出力と入力を繰り返し行ったり来たりしましょう。出力と入力のそれぞれを繰り返し洗練するのは当然有用です。そのため、まず1つの出力クラスから始めて、関連する入力群を導出しましょう。そして、境界を変えたり、より多くの具体例を取り込んでみたりして、より多くの出力を導出しましょう。入力を考える前に、すぐにすべての出力を正しくしようとすることはやめてください。

　特に、興味深い境界やエッジケースは、入力についてある程度具体的な考えがあって初めて出てきます。末尾から先頭に向けて一直線に進めるだけでは、そのような発見という恩恵を得られないのです。

技術面のチェックとビジネス面のチェックを分けよう

　多くのユーザーストーリーには、技術面とビジネス面との両方の要求が含まれています。例えば、自動化したクレジットカードの引き落とし通知は取引ワークフローや受注管理（ビジネス）に影響しますし、特殊な XML メッセージ形式や通信プロトコル（技術）にも影響します。そしてどちらの側面も重要なのでテストしなければなりません。そのため、同じテストや仕様にまとめられている場合が多いのです。

　技術とビジネスの側面を単一のテストに混在させると、チームはどちらの側面についても最悪の体験をすることになります。ビジネスフローの検証に関連するシステムやコンポーネントをすべて自動化したテストは、技術的な境界やエッジケースをチェックするためには極めて非効率です。しかし、不

Chapter 2　技術面のチェックとビジネス面のチェックを分けよう

正な XML メッセージやメッセージの再送ポリシーを確かめるためならば、それほど広いテストカバレッジは必要ありません。より狭いコード単位で検証できます。2 種類のテストを混ぜてしまうと技術的なテストはより遅くなるし、不必要に複雑になります。

　普通の技術的なテストでは、入れ子構造や再帰ポインター、一意の識別子など技術的な概念を活用しなければなりません。そのようなものは、プログラミング言語なら簡単に記述できるものの、技術的なテストを必要としないテストツールで扱うには難しい場合があります。そのため、チームは正確さと可読性のトレードオフを考えなければなりません。

　そうでなければ、正確さが低いだけでなく、表の中に他のセルを名前で参照する表が入っているような、読みにくい記述になりがちです。こうなると知識の共有が損なわれるため、長期的なメンテナンスでは大きな問題になります。また、ちょっとした技術的な変更をするためにテストのレビューが必要になったとき、ビジネスドメインの専門家からよいフィードバックが得られなくなります。

　技術とビジネスはどちらも重要な側面ですし、どちらもテストしなければなりません。しかしたいていの場合、役割が混ざった単一のテストよりも、それぞれの側面に分割したテストのほうがより多くの価値を得られます。

主な利点

　単一の包括的なテストを複数の小さく焦点の明確なテストへ分割すると、理解やメンテナンスのしやすいテストドキュメントになります。ビジネスドメインのフィードバックが必要なテストを読みやすい形式で維持できるので、チームはドメインの専門家からよいフィードバックを得られます。一方、入れ子構造のような技術的な概念はプログラミング言語で表現できます。

　影響を受けるリスクの範囲も狭いため、焦点の明確なテストは壊れにくくもなります。例えば、メッセージの再送ポリシーが変更されてもすべてのビジネスシナリオのフローは壊れず、1 つの技術的なテストだけが影響を受ける、というものです。ビジネスルールの具体例を追加しても、すでに同じよ

技術面のチェックとビジネス面のチェックを分けよう

うなケースで処理している自動化したワークフローを変更する必要はありません。

いろいろな側面を混ぜると、自動化したテストコードは汎用的になりすぎてしまい、わずかな違いで大量のコピー＆ペーストを行う必要があります。ビジネス面と技術面のチェックを分離することで、チームは自動化したテストコードを統合する機会を得られます。

ビジネス面のテストとしては、いくつかの成功と失敗のシナリオをチェックする必要があることが多く、具体例を実行する技術面のテストも同様です。例えば、取引予約であれば、承認フローでの処理と、最後に取引の終了ステータスをチェックするように分離します。ビジネスのテストを明確に分離していれば、重複をなくすのは簡単ですし、フローのメンテナンスと拡張も簡単になります。

🔑 それを機能させる方法

ビジネス面と技術面のテストが混在している場合、チームはすべてのテストに単一のツールを使うべきだ、という間違った意見に起因することが多くあります。

ツールに基づいてテストの形式を決めることは間違いです。その逆でなければなりません。達成したい目的に応じてツールを選択するべきです。もしチームが組織の一員として単一のツールを使わざるを得ないなら、ビジネス面のテストに対して、別の呼び方をすることが賢い方法です（例えば、実行可能な仕様など）。

もう１つのよいオプションは、アジャイルテストの四象限や Lisa Crispin と Janet Gregory の書籍『More Agile Testing』で紹介されているいろいろなモデルから議論を始めることです。そのようなモデルは、ビジネス面のテストと技術面のテストを視覚的に分離して、それらのテストをどのように扱い、実行し、メンテナンスしていくのかの議論を促します。

それぞれのテストでは、将来起こり得る故障を誰が解決するべきなのか確認するようにしましょう。テストの失敗は、バグの兆候（テストが正しくて

実装が間違っている）かもしれないですし、予期せぬ影響（実装は正しくて
テストが正しくなかった）かもしれません。例えば、プログラミング言語に
関連するツールを使っている人が判断する必要があるテストなら、そのテス
トは技術面のグループに分類します。技術面ではなくビジネスドメインの判
断が必要なら、ビジネス面のグループに分類します。

　もし、将来起こりうる故障をプログラマーとビジネスの両方で判断しなけ
ればならないなら、そのテストは分離するべきです。例えば、サードパーティ
から受信した XML のフィールドの順序の不一致は、解決するためにビジネ
スドメインの専門家の力は必要ありません。また、非同期の返信の順番が間
違っていたり、処理中にデータベース接続が失われてしまったりするような
場合もビジネスドメインの専門家の力は必要ありません。

　一方、現在指定されているリスク閾値以下にもかかわらず、ある取引がリ
スクありと判断されてしまうのはバグかもしれませんし、リスク判定を軽減
するためにシステムの他の部分で行われた変更の結果かもしれません。この
疑問を解決するためには、ビジネスサイドの人が必要です。

手動テストを自動化するのは
やめよう

テストの自動化を始めたチームや、「テスターと開発者」というサイロの解体を始めた開発グループによくあるパターンは、既存の手動テストを自動化する、というものです。自動化のためのツールのトレーニング以外を除き、それは常に悪いアイデアといえます。

　詳しく手順が記述された手動テストであっても、予期せぬイベントやレイアウトの問題など、テスターは手順に記述されたこと以外の情報を発見する機会があります。手動テストが最も価値を発揮するのは、手順に何が書いてあるのか考えずにただ手を動かすときではなく、テストを調査のためのガイドとして利用するときなのです。それは自動テストにできないことであり、手動テストを自動テストに変換すると、そういった価値は失われてしまいます。

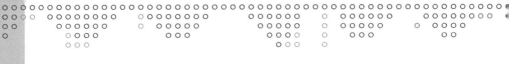

手動テストは、具体的な仕様が省かれても、コンテキストが提供されている場合に役立ちます。

例えば、巨大なファイルが処理されるというコンテキストが提供されているとします。その場合、そのコンテキストは、最近のソフトウェアの変更や調査したいリスクに基づいてさまざまなファイルサイズを試すように、人々に促すでしょう。ファイルサイズをきっちり142MBと指定するのはやりすぎです。状況によっては調査が少なすぎる場合もありますし、調査が無駄に多くなりすぎる場合もあります。

一方、自動テストは、非常に具体的な仕様が存在する場合のみ役立ちます。自動テストでは、入力ファイルとしてどのくらいの大きさが必要であるか、を定義しなければなりません。そうしないと、テストの決定論的性質や繰り返し実行可能な性質が失われますし、潜在的な故障の調査がとても困難になります。

また、手動テストは人間ができる量の問題の影響を受けます。機械と比較して、人が同じ時間でできることはごくわずかだからです。これが、手動テストが人間の時間を最適化する方向になりがちな理由です。例えば、あるテストで他のテストの準備を行ったり、セットアップ時間を節約するためにデータを再利用したり、ちょっとした相互依存性や不整合は人間が解決するものとして放置されたりなど、手動テストでは人間の時間を最適化させています。

自動テストは手動テストほど人間ができる量の問題に影響を受けないため、同じことを何千回と簡単に実行できます。ただし、自動テストには別の重要な制約があります。自動テストは無人で実行するように設計されるため、故障を迅速に調査できることがとても重要になります。手動テストを自動化すると、共有するコンテキストや相互依存性の影響に起因するあらゆる問題をそのまま引き継いでしまいます。残念ながら、小さな不整合は機械では簡単に解消できないため、そのようなテストは壊れやすく、間違ったアラートかどうかを調査するために多くの時間を必要とする傾向があります。

再設計せずに手動テストを自動化すると、元のテストにあった主要な利点は失われます。また、自動化によって、調査やメンテナンスが難しいテスト

も生まれます。ある意味、両方の悪いところを集めた最悪の事態をチームにもたらすことになるのです。

　チームが、手動で行うことを前提に設計された既存のテストひとそろいを自動化することに決めたのであれば、最初から設計し直すか作り直すことが一番の方法です。目的を保ちつつ、それ以外のささいなことは捨ててしまいましょう。

主な利点

　最初からテストを作り直すことで、無人での実行に適切な設計ができるでしょう。つまり、テストケース同士は独立しており、共有するコンテキストは除去され、繰り返し実行できる性質や再現性は向上し、問題の調査に役立つ情報も追加できるでしょう。

　セットアップが難しい問題は関係なくなるため、チームは自動テストを拡張して、より多くのケースでカバーし、リスクカバレッジを向上できます。テストを再設計することでパラメーター化ができますし、そうすると新しい具体例を簡単に追加できるようになります。

　加えて、人間が最も操作しやすいため、手動テストはユーザーインタフェースを通じてほとんど実施されます。一方の自動テストには、特定のシナリオにとって重要でないサブシステムやコンポーネントをスキップできる機能を持たせることができます。また、自動テストはサービスレベルで自動化できる機会がありますし、非同期通信の応答待ちを同期処理に置き換えるなどさまざまな方法でテストを高速化できる機会があります。もし、自動テストが手動テストと同じ手順のままでは、これらの恩恵のいずれも得られません。

それを機能させる方法

　すべてが手動のテストから自動テストに変換する最初のステップは、それぞれのテストによってカバーされているテスト目的とリスクを特定することです。実施時間を節約するため、1つの手動テストで多くの異なることを確認したり、いくつかのリスクに対応したりすることがよくあります。

　例えば自動テストでは、それぞれの側面をそれぞれのテストやテストスイートで扱うことが可能です。私がよくやるのは、1つの手動テストを個々のルールへ分解して、業務フローから意思決定箇所を分離して記述し、汎用性を減らして、テストごとに必要な入力と出力と境界を再点検することです。

　次のステップでは、人間の観察力を必要とするテストの側面を分離します。人間が、何かがどのように動作するかを観察し、シナリオに関連するものの少し逸脱した部分を調査し、未知のあるいは予期せぬ影響を調査することには、多くの価値があります。自動テストは、決定論的であらかじめ定義したアウトカムに対してチェックするべきであり、人間が非決定論的な出力を調査し予期せぬアウトカムを特定できるようにするべきなのです。人間が得意とする側面のテストを自動化しようとしてはいけません。なぜなら、それは時間の無駄であり、すべての価値を失ってしまうからです。

　なお、テストの作り直しは、開発者とテスターが一緒に行うようにしましょう。なぜなら、特定のリスクをカバーするための最善の方法や、どのような追加のテストケースが必要かを議論できるからです。また、ビジネス面のテストを作り直すときは、ステークホルダーやドメインの専門家にレビューしてもらいましょう。

Chapter

3

テスト容易性の向上

同時にデータベースを使う可能性のあるテストはトランザクションでラップしよう

データベースを利用するテストでは、チームとして慎重に考えなければならないトレードオフがあります。それは、分離性、信頼性、フィードバックの速度です。

その際、1つの選択肢としては、テストで本番環境と同様のデータを利用することが挙げられます。これにより、信頼性が非常に高まります。なぜなら、テストの実行環境が限りなく本番環境に近づくためです。

しかし、本番環境と同様のデータをセットアップすることは、極めて標準的なデータを除けば、実用的ではありません。本番環境のデータベースは肥大化しがちで乱雑になりがちです。また、実際のデータでいっぱいになる傾向があります。テストで使用するデータファイルをコピーするだけでも、テ

スト自体の実行時間より数ケタ長くなることもあります。

この選択肢における一般的なアプローチとしては、すべてのテストで同じ
データベースを使用することが挙げられます。このアプローチを使えば
フィードバックが少し速くなりますが、一方でチームの分離性を犠牲にしな
ければならなくなります。また、あるテストが他のテストの使用するデータ
を容易に破壊してしまう可能性があるため、基本的にテストは並列に実行で
きなくなります。

次の一般的な代替案は、セットアップを高速化できる、単純化され最小化
されたデータセットを利用することです。これによりフィードバックは早く
なりますが、信頼性が犠牲になります。データ駆動型のシステムでは、予期
しない実際の情報で問題が発生することがよくありますが、理想的で単純な
データセット上で実行しているテストでは、このような問題が発見されるこ
とはめったにありません。また、小規模なデータセットでも、データベース
インスタンスの起動に数分かかる場合があるため、それぞれのテストで毎回
作り直すのは実用的とはいえません。

3番目の解決策は、オブジェクト指向に基づいたソフトウェアを開発する
チームにとって一般的な解決策です。それは、テストに特化したデータベー
スを使用することです。理想的には、オブジェクト指向なデータアクセスラ
イブラリがデータベースアクセスを処理するため、あらゆる種類のデータ
ソースに対して、理論上、同じテストを実行できるようになります。これに
より、テストでは、ディスクアクセスを不要とし、テストと同じ実行プロセ
スで利用可能なインメモリデータベースを利用できるのです。

これによりフィードバックはずっと迅速になり、それぞれのテストも完全
に分離されています。しかし、残念ながら、このアプローチではテストの信
頼性が極端に低下します。例えば、私たちが協力したあるチームは、ほとん
どのテストを HSQLDB で実行していました。しかし、本番環境のデータベー
スは Oracle でした。すべてのテストが成功しているにもかかわらず、本番環
境でのみベンダー固有の SQL 構文が原因でシステムは故障してしまいまし
た。このようなテストは誤解を招きやすいため、自動化しないほうがまだマ
シです。

ここで紹介するのは、テスト対象のアクティビティが同時に起こり得て、1つのOSのプロセスしかない場合（つまり分散されていない場合）の解決策となる、ずっと簡単な方法です。テストをデータベーストランザクションでラップし、それぞれのテストの最後にトランザクションをロールバックするだけです。

主な利点

ほとんどのデータベースシステムは、個々のトランザクションを自動的に分離するため、異なるトランザクションで実行するテストも完全に分離されます。これにより、チームはテストを並行して実行できるようになり、フィードバックを大幅に迅速化できます。

それぞれのテストの最後にトランザクションをロールバックすると、後続のテストが参照するデータに誤った変更がないことを保証できます。すなわち、誤警報を避けるのに役立ちます。例えば、私たちのクライアントの1人は、担当しているシステムにおいて、取引をいずれか1つの未使用のファンドに割り当てる必要がありました。取引に関するテストを繰り返し実行できるようにするため、それぞれのテストが異なるファンドを使うようにしました。

しかし、テストで使用できるファンドは、データベースをセットアップするときに登録したたかだか数千のファンドだけでした。そのため、毎週ある曜日を過ぎるとテストが失敗するようになっていました。未使用のファンドが尽きてしまっていたからです。そこで、テストをトランザクションでラップし、変更をロールバックするように変更したところ、テストは失敗しなくなりました。テストの実行中に取引をファンドに割り当てても、次のテストを開始するときには魔法のように消えるようになりました。

このアプローチは、テストの後始末を大幅に簡素化します。トランザクションをロールバックしなければ、それぞれのテストはテストで作成した情報を明示的に削除しなければなりません。自動化したテストコードの量が増えたときにその作業を行うには、コストが高く、メンテナンスが難しく、実行時

間も長くなってしまいます。一方、データベーストランザクションのロールバックはほぼ一瞬で終わりますし、特別なコーディングも不要です。

　加えて、簡単にデータ駆動型テストを繰り返せるようになります。従来どおりの後始末を行う場合、チームはテストを繰り返し実行できるようにするために多くの時間を費やすことがよくあります。典型的な具体例は、特定のユーザー名で新しいユーザーを登録しようとするテストです。データベースが正しく消去されていない限り、ユーザー名チェックが重複していると、同じテストを繰り返し実行できなくなる可能性があります。データベーストランザクションの内部でテストを実行する場合、トランザクションをロールバックすると、新しく作成されたユーザーは存在しなくなります。

それを機能させる方法

　トランザクション制御を全体で行わなければなりません。制御対象から外れた1つのテストが、何千もの他のテストを台なしにする可能性があるためです。さらに悪いことに、このような問題のトラブルシューティングは困難です。なぜなら、問題の原因になったテストは成功するかもしれませんが、それ以降のテストがランダムに失敗するようになるためです。

　トランザクション制御を全体で行うようにする最良の方法は、個々のテストではなく、テストフレームワークで行うことです。例えば、金融サービスクライアントでは FitNesse でテストするため、私たちは標準のテストランナーの上に薄いラッパーを実装しました。ラッパーは、トランザクションを開始して、テストの実行をテストランナーに委譲し、最後にトランザクションをロールバックするものでした。これにより、個人がこの構成を各テストに追加することを覚えておく必要なしに、すべてのテストが即座に分離され、元に戻せるようになりました。

　テストツールで全体的なラッパーが許可されていない場合は、テストスイートのセットアップと終了時に、トランザクションを操作するコードの追加を検討しましょう。

非同期データはテストのあとに クリーンアップするのではなく、 テストの前にセットアップしよう

　システムのデータ処理で複数の非同期コンポーネントが含まれる場合、データベーストランザクションでテストをラップするアプローチは実用的ではありません。システムが分散している場合も同様で、デリバリーチームにはデータをリセットする時間がないかもしれません。また、自分たちの管理下にないため、チームはデータをクリーンアップできないかもしれません。

　これらすべての理由から、それぞれのテストの前にクリーンなデータベースを用意してテストを完全に分離するアプローチは、非同期コンポーネントを持つ多くの場合で実用的ではありません。

この問題を回避するため、データが一部共有され、一部が分離された状態、すなわち、部分的に状態が分離された状況でテストを実行し、データベースをクリーンアップすることがよくあります。

これは理論的には適切な方法のように思えるかもしれませんが、実際には多くの問題を引き起こします。クリーンアップ手順は、ほとんどの場合、合格したテストの観点から作成されており、テストが失敗した場合は機能しないことがよくあります。同様に、バグが原因で1つのテストが失敗した場合、多くのテストツールは残りのテストを実行しないため、クリーンアップ処理がスキップされることがよくあります。また、外部要因やユーザー起因で、長時間実行しているテストが停止されるなど、さまざまな理由でテストが中断されるかもしれません。

不正な開始状態は誤警報をもたらし、実際には存在しない故障の調査に時間を浪費する原因となる可能性があります。大規模なテストスイートでは、故障が簡単に連鎖し伝播する可能性があるため、この問題はさらに悪化します。不正な開始状態が原因で1つのテストが失敗し、他の多くのテストでは外部データの一貫性が損なわれたままになる場合があるのです。

そうなると、問題の原因を特定することはさらに困難になります。データ処理の開始状態の問題は、一時的なものであったり、環境に依存したりする場合が多く、トラブルシューティングと再現は困難です。そのため、いろいろと調査しても完全に修正されたことを確認することは不可能です。

各テストを最後にクリーンアップすべき、というのは合理的に聞こえるかもしれません。しかし、各テストを実行する前に、テストのセットアップで、環境をクリーンアップするほうがずっと実用的です。可能な限り、セットアップコードを使用して、一貫性のないデータ状態を整理しましょう。テストの最後にクリーンアップ手順を含めるのは自由ですが、常に実行されることに依存しないでください。

主な利点

　テストのセットアップコードで環境とデータの一貫性を正しく確保するのは、クリーンアップを実行するよりも少し困難です。なぜならば、テストは、テストの前に何が実行されたのか知らないためです。

　したがって、セットアップにはクリーンアップと比べてずっと防御的な考え方が必要ですし、より多くの項目をチェックする必要があります。しかし以下の理由から、そのいずれもすぐに報われる労力だといえます。

　まず、テストがより適切に分離されることが挙げられます。1つのテストの問題は、他の多くのテストに波及しません。バグが原因でテストが失敗した場合は、その1つのテストのみを調査するだけでよく、他の500の誤警報を調査する必要がないため、貴重な時間を節約できます。

　さらに、テスト後のクリーンアップ処理がない場合は、故障の調査がより簡単にできることも挙げられます。バグが原因でテストが失敗した場合、クリーンアップ処理があると重要な証拠が削除される可能性がありますが、その証拠は問題を分析するために必要な詳細情報となり得ます。一方、ほとんどのデータ操作がセットアップコードに含まれている場合、テストが失敗しても、作成されたすべての結果が残っているため、人々がすぐに調査できるのです。

　また、クリーンアップよりもセットアップに依存させることで、チームは長時間実行されるタスクを最適化することもできます。例えば、セットアップ処理は、状態が特定のテストに十分かどうかをすばやく確認し、不要なセットアップの実行を回避できます。

非同期データはテストのあとにクリーンアップするのではなく、テストの前にセットアップしよう

 **それを機能させる方法**

　理想的には、各テストが必要とする外部環境をセットアップできるようにしたいところですが、それが不可能な場合もあります。このような場合、セットアップ処理は、少なくとも外部状態がテストを実行するのに十分な一貫性があるかどうかを確認する必要があります。またそうでない場合は、テストの実行を許可せずに、不正な開始状態を警告します。確かではない失敗を報告するより、不正な状態を報告するほうがずっと優れています。

　外部リソース、特にデータベーステーブルを削除（truncate）するなど、時間のかかるタスクを操作する場合、ある種のバージョンチェックを導入してみましょう。不要なセットアップをスキップできるかもしれないからです。例えば、私たちが協力した1つのチームは、参照するすべてのデータベーステーブルにトリガーを導入し、テストデータ制御テーブルのバージョン番号を自動的に更新するようにしました。

　これにより、参照データが変更された場合にのみ、テストのセットアップでデータベーステーブルの削除を実行できるようになりました。そして、前のテストが参照データを変更しなかった場合は、データベースのセットアップはスキップして、後続のテストを実行できます。なお、単一のバージョン番号でうまくいかない場合は、重要なデータブロックなどにチェックサムを使用することを検討してください。

　もう1つの実現手段は、テストのグループ全体（またはテストスイート）に対してデータセットアップを実行し、そのグループ内の個々のテストが異なるオブジェクトで機能するのを確認することです。これにより、1つの長いセットアップをグループ全体に対して1回実行するだけでよいわけです。

　テストクリーンアップで失敗の証拠を削除することは避けましょう。もし明示的に制御できないのであれば、クリーンアップが完了した状態に依存しないようにしましょう。テストのあとのクリーンアップの処理は、楽観的なリソースの割り当て解除だけとしましょう。例としては、データベース接続を解放したり、外部キューからサブスクライブを解除したりすることが挙げられます。

CPU 時間ではなく
論理的なビジネスの時間を
導入しよう

　時間に関係する機能は、適切なテストが非常に難しい傾向があります。典型的な具体例として挙げられるのは、時間に基づくイベントの最後に実行しなければならない処理です。例えば、300 ミリ秒のアニメーションのあとに、フォームに配置したボタンを有効化する処理、といったものです。

　多くのチームは、300 ミリ秒待ってから、ボタンの状態をチェックするテストを作成します。しかしこのアプローチには 2 つの観点で問題があります。1 つは本質的に決定論的なテストではないことであり、もう 1 つはフィードバックを遅くしてしまうことです。待ち時間をミリ秒単位で正確に指定するから決定論的になっているように思えるかもしれませんが、ほとんどの OSの非同期プロセスはリアルタイム処理用に構築されていないため、クロック

精度をミリ秒単位で保証することは困難です。メモリクリーンアップジョブ
やディスクアクセスなどの影響でアニメーション処理が遅延し、時にはテス
トが失敗することがあります。

　考えられる回避策としては、待ち時間を長くする（例：1秒程度）ことで
すが、そうしてしまうと「ボタンが必要なときに再度有効化される」ことを
テストできていません。また、自動テストに人為的な遅延を追加すると、テ
ストの実行時間が延びてフィードバックが遅くなってしまうので、常に悪い
結果になります。

　実際に必要な時間よりも長く待機し、わずかなタイミングの違いを回避す
るような防御的なテストも役に立ちません。1秒というと大したことないよ
うに思うかもしれませんが、毎日数百のテストケースを数十セット実行する
としたら、全体の待機時間はそれらのテストケース数のかけ算になるため、非
常に深刻な事態になっていきます。

　時間が長くなればなるほど、問題はさらに悪化します。例として、夜間の
バッチジョブで前日分のすべてのクレジットカード取引を集計したレポート
ができていることや、割引オファーが30日で期限切れになることを証明した
いとします。自動テストの結果が出るまで1カ月待つ人はいないため、この
ようなテストを実行するとき、普通はマジックナンバーを使用します。例え
ば、割引オファーの定義で使用している「ONE_MONTH_AGO」という変数を、
自動化したテストコードが具体的な日付に置き換えます。

　このアプローチの問題は、ルールの意味する重要な前提を隠蔽してしまう
場合があることです。例えば、3月30日の「ONE_MONTH_AGO」は何月何
日でしょうか。時間の差は単純であっても、うるう年、サマータイム、タイ
ムゾーンによって簡単に混乱する可能性があります。

　時間に関する制約に対する非常に優れた解決策は、OSの時間経過に依存
するのではなく、ビジネスの時間の概念を使用するようにシステムを設計す
ることです。ビジネスの時間は、テストの目的に応じて簡単に操作できます。
本番環境で使用する場合、ビジネスの時間はOSの時間経過に従うことがで
きます。

主な利点

　ビジネスの時間とOSの時間経過を分離すると、テストの信頼性が大幅に向上します。ビジネスの時間を299ミリ秒進めて、ボタンが無効になっていることを確認してから、さらに1ミリ秒進めて、ボタンが有効になっていることを確認できます。一連の操作は、フィードバックを遅らせたり、テストシステムをブロックしたりすることなく、一瞬で実行できます。

　ビジネスの時間を導入することで、チームはテストの記述をより正確にできるようになります。これにより、誤った仮定を発見し、実際の要件について適切な議論を行うことができます。

　私たちが協力した分析会社では、テストを実行するときの時間の値にマジックナンバーを使っていました。ビジネスの時間と固定値を使うようにテストを書き直し始めたとき、彼らは開発者とビジネスのステークホルダーの間に大きな認識の相違があることを発見しました。彼らのシステムは、「昨日」や「先月」などの事前定義された期間のレポートを生成します。開発者は、「昨日」をサーバーのタイムゾーンにおける前日と見なしていました。しかし、ビジネスのステークホルダーにとって、「昨日」とは、さまざまなタイムゾーンで生活するユーザーそれぞれにとっての前日を意味していたのです。

　また、ビジネスの時間は、OSの時間経過に従う必要はないため、必要に応じて本番環境での制御も容易になります。例えば、月次レポートでバグが発見された場合、以前の期間を指定してレポートエンジンを再実行して、特定の日のデータを取得することも簡単です。

それを機能させる方法

　ビジネスの時間を実装する典型的な方法は、アプリケーションの時間を管理するコンポーネントを独立させ、すべてのコンポーネントが OS の時間経過の代わりにそれを利用するように変更することです。そうすれば、時間を前後に変更するのが簡単になります。なお、このアプローチでは、アプリケーションスタック全体がデリバリーチームの管理下にある必要があります。

　また、レコードに自動的にタイムスタンプを付けるデータベースプロシージャなど、アプリケーションから簡単に変更できないサードパーティのコンポーネントが含まれている場合の回避策としては、テスト環境でシステムクロックを設定することが挙げられます。これは、以下の 2 つの条件が満たされている場合に適した戦略です。1 つはアプリケーションスタック全体が単一のマシンで実行できること（したがって、すべての時間を一度に簡単に変更できます）であり、もう 1 つはサードパーティのコンポーネントが時間を過去にしてもおかしくならないことです。

　このアプローチを使用する場合、アプリケーションスタックとテストランナーを異なるマシンに配置して、テストがアプリケーションをリモートで制御できるようにすることをおすすめします。これにより、レポートの期間が誤ったテストとなることを回避できますし、テスト後に変更したアプリケーションクロックを実際の時刻に戻すことができます。

　時間が一方向にのみ流れることを前提とし、かつ OS の時間経過に依存してランダムに失敗するサードパーティのコンポーネントを使用している場合は、制御可能な部分の再設計を検討してください。それにより、時間を分離してテストできるようになります。

アトミックな外部リソースを提供しよう

　非同期に、あるいは、メインのテストプロセスの外部で作成されたリソースは、自動テストが不安定となる主な原因の1つです。

　私たちが協力した投資ファンドの貿易調整システムで、わかりやすい具体例がありました。彼らのテストのほとんどは、さまざまなデータソースから日々出力される取引を取得し、取引をクロスチェックするものでした。そしてそのデータソースの1つに、ファイルとして出力され、それをFTPで送信するものがありました。

　テストでは、最初にファイル出力を要求し、次にファイルが作成されるのを待ち、最後に取引を読み込んで、それらと内部レコードを比較していました。このテストには問題があり、その問題とは、多くのテストがランダムに

失敗するのに、あとから実行すると、失敗していたテストが成功したり、成功していたテストが失敗したりすることでした。

　彼らのテスト実行システムは、すべてのテストを5回実行し、少なくとも1回合格したらテスト成功としてマークしていました。これは非常に問題のある戦略です。5回という数字になったのは、ほとんどの問題が解決すると思われるためでした。しかし、実際には、5回失敗したテストでも、個別に実行すると成功した場合があったのです。

　また、このやり方はフィードバックに大きな遅延を生み出しました。リモートサーバーのFTPに依存するテストはとにかく時間がかかるし、それを5回実行するとなると、正確性も保証できないし、何もかもがとてつもなく遅くなってしまったからです。

　私たちはこの問題が、取引の読み取りでリモートファイルのいくつかの取引を欠損することが原因であるのを突き止めました。テストでは、リモートプロセスがすべてのデータ転送を終了したかどうかではなく、ファイルが存在することだけをチェックしていました。

　テストで扱う取引データは比較的少量だったので、ほとんどの場合、ファイルの初期作成の時間でデータ転送を終了するには十分な速さでした。しかし時々、ネットワークの遅延が発生したり、ファイルサイズが少し大きくなったりすると、テストはすべての取引を転送する前のファイルを参照してしまう場合がありました。そうして実行されたテストでは、転送中のファイルから取引の読み取りを開始し、残りの取引を無視していました。

　このような失敗は、環境のわずかな違いに依存するため、特定することも問題解決することも困難です。例えば、このような問題は、すべて高速なローカルネットワークで実行される開発者のテスト環境では発生しませんが、より統合された本番環境のような環境ではランダムに発生し始める可能性があります。このことは、再現性がないと分類される誤ったバグや、悪名高い「自分のマシンでは動く」問題を、頻繁に発生させることとなります。

　テストで外部リソースにアクセスする必要がある場合、特に非同期で作成されたリソースやネットワークごしに転送されたリソースの場合は、リソースの作成が完了するまで、リソースが参照できなくなっていることを確認し

ましょう。それらをアトミックにして、リソースの見え方としても、リソースが利用かどうかを反映させるようにしましょう。

主な利点

アトミックな外部リソースは、テスト実行の信頼性を高めてくれるので、誤警報を防ぎ、多くの時間を節約します。貿易調整のテストでは、ファイル処理を変更したら、5回実行の代わりに1回だけ実行すればよくなりました。また、チームはエラーのトラブルシューティングに費やす時間も大幅に短縮しました。

この手法のもう1つの大きな利点は、本番システムでのリソース処理が容易になることです。テストで不完全なデータを取得する可能性がある場合、テスト対象システムでテストと同じ処理をした際に同じ問題が発生する可能性が高くなります。

テスト用のアトミックなリソース処理を設計することにより、そのようなリソースを本番システムにも提供することが容易になり、トラブルシューティングが非常に難しい厄介なバグを回避できます。

それを機能させる方法

可能であれば、そういうファイルは一時的な名前で作成するようにシステムを設計しましょう。そして、ファイルが完成して閉じたら、最終的に期待される名前へ変更しましょう。通常、ファイルコンテンツの書き込みはバッファリングされた操作であるため、ファイルが不完全であってもファイルが見えてしまう場合があります。

一方、名前の変更は通常、アトミックな操作です。複数プロセスでファイル出力するような、ファイル名が重要で一時的な名前を作成できない場合は、ファイルを作成するフォルダーと参照するフォルダーを別のフォルダーにしましょう。フォルダー間でのファイルの移動は名前の変更に似ており、通常、現在のOSではアトミックな操作です。

これら 2 つのアプローチでは、ファイル作成プロセスを変更する必要があります。もしそれが不可能でも、個別のファイル転送プロセスがある場合は、別のメカニズムを使用して転送が完了したことを示すことを検討しましょう。例えば、ファイル転送が完了したら、メッセージをキューに送信したり、同じ名前で拡張子が異なる空のマーカーファイルを作成したりしましょう。そうすれば、読み取りプロセスは、ファイル作成プロセスを変更する代わりに、マーカーファイルを探すことで転送完了を把握できます。また、マーカーファイルの内容は無視されるため、中途半端なデータを読み取ってしまう問題も解決されます。

　ファイルの作成プロセスと転送プロセスをどちらも変更できない場合は、テストでは読み込みモードでファイルを開くのではなく、排他的な書き込みモードでファイルを開くことを検討しましょう。ほとんどの OS は、読み取り用にファイルをロックしませんが、書き込み用にファイルをロックするオプションがあります。排他的書き込みロックを要求することにより、転送が完了するまでファイルを参照するプロセスをブロックできるのです。ただし、このアプローチには、テストではファイル読み取りを本番環境のシステムより強い権限で実行する必要がある、という欠点があります。これにより、他の問題が隠蔽されてしまう場合もあります。

　4 番目の方法は、ファイルの存在を確認し、しばらく待ってから、ファイルが大きくなっているかどうかを確認することです。これは明らかに理想的ではありません。ネットワーク遅延とファイルシステムのバッファリングにより、データを転送している間であっても、ファイルは変化していないように見える可能性があるためです。しかし、他のアプローチが実行可能でない場合に限り、正しいアプローチとなる可能性があります。

時間経過を待つのではなく、イベントを待とう

　ほとんどのモダンなソフトウェアは、複数のマシンをまたいで実行できるように構築されています。モバイルデバイスと Web インタフェースは、たいていの場合リモートのデータに依存していますし、サービス指向アーキテクチャは処理を複数のコンポーネントに分割しています。また、クラウドベースのアプリケーションはローカル情報を一般的なストレージサービスと同期しています。

　これらの処理はすべてテストが必要であり、設計上、非同期であることがよくあります。つまり、このようなコンポーネントを含むテストでは、データ取得やデータアップロードなど、時間がかかる処理の完了をリモートリソースで待機する必要があります。これらのテストを扱う最も一般的な方法は、「3秒間待機するステップ」のように、時間に基づいた待機をテストに含めることです。

　時間に基づいて待機することは、ピザが配達されるまでの見積もりが30分と言われたら、雨の降る中、家の前の通りで30分待つのと変わりません。違いは、ピザの配達員はあなたが待っているのと異なる通りからやってきて、10分前に配達を終えている場合があることです。もし決められた時間まで待つならばピザもあなたも冷えてしまいます。それよりも、家の中で配達を待つほうがずっと賢い選択です。

　時間に基づいて待機する方法の大きな問題は、環境に強く依存することです。典型的な開発者環境では、複数のサービスを同じマシンで実行しています。その場合、必要な待ち時間は、現実的な本番環境のような環境よりもずっと短くなります。そうすると、開発者のマシンでは成功するテストが統合テストでは失敗する場合もあるでしょうし、開発者がテストを実行するときは必要以上に遅くさせなければならない場合もあります。

　さらに、一時的なネットワーク遅延や、同じマシンで実行している他のプロセスの都合で、リモート操作が遅くなる可能性もあります。これは、待ち時間の適切な値を選択する際に主たる問題となります。値が小さすぎるとテストの結果が不安定になり、誤警報が報告されますし、値が大きすぎると、ネットワークがビジーでない場合でもフィードバックが大幅に遅くなります。

　仮に1つのテストに待ち時間を数秒追加することで問題が発生しなくなる場合でも、この方法はスケールしません。テストの数が数百になると、フィードバックの遅延は簡単に数時間に及ぶ可能性があります。待ち時間が長すぎると、開発者はそのようなテストの実行を頻繁にスキップするため、問題は統合テストまで伝播し、発見が極めて遅くなってしまいます。

テストスイートからのフィードバックサイクルが遅いことと相まって、これは多くの場合、複数のチームで構成された組織にとって大きな調整の問題を引き起こします。1つのチームが統合テスト環境を壊すと、他のチームは新たに導入された問題に関する迅速なフィードバックを受け取ることができず、チーム間のわだかまりがすぐに積み重なってしまうのです。

可能な限り、一定時間待つのではなく、イベントが発生することを待つようにしましょう。例えば、キューに表れるメッセージを待ったり、ファイルシステムに現れるファイルを待ったりしましょう。そうすれば、テストはそのイベントが発生するまで待機するように自動化できます。

主な利点

フィードバックが速くなるため、時間の代わりにイベントを待つことが重要です。任意の時間制限は短すぎたり長すぎたりするので、テストの結果も不安定になりますし、フィードバックが不必要に遅くなってしまいます。

テストがイベントを待機している場合、フィードバックを遅らせることなく、イベントの直後にテストを続行できます。大規模なテストスイートでは、この工夫によって簡単に、実行時間を数時間節約できます。すると、開発者がこうしたテストをローカルで実行してくれる可能性を高めることにもつながります。このことは、複数のチームで構成された組織において、コードを他のチームの作業と統合する前に検出できる可能性が高くなるため、1つのチームが問題を生み出してしまっても中断を大幅に削減できることを意味します。

時間の代わりにイベントを待つことはテストの環境依存度も下げます。環境依存に関する要素を考慮したうえでの判断基準となっているため、低速なネットワークやビジー状態のマシンはもはや問題になりません。誤警報も少なくなるので、チームは偽の問題調査に費やす時間を減らすこともできます。

時間経過を待つのではなく、イベントを待とう

それを機能させる方法

　非同期処理を行うツールとライブラリは、多くの場合、完了通知をサポートしています。これらは、時間で待機する方法の優れた代替手段です。

　例えば、Web ブラウザーがバックグラウンドでデータを取得する場合、データ転送が完了したあと、アプリケーションへ通知できます。ほとんどの場合、テスト対象のシステムは、不完全な情報の処理を回避するためにそのような通知をすでに使用しています。そしてそのような通知をテストシステムへ公開または拡張することは簡単です。

　もし、リモート通知プロセスが制御下になく、通知を簡単に公開できない場合は、追加のイベントを生成するようにリモートプロセスを変更することを検討しましょう。例えば、データベースの書き込みが終了したとき、メッセージをキューにプッシュするようにします。そうすれば、テストはキューを確認して、メッセージがあるときにテストを続行するようにできます。

　もし、リモートプロセスが制御下にない場合は、ログファイルまたは追加の出力が生成できるかどうかを確認しましょう。もし生成できる場合、それらの出力に基づいてイベントを生成することはよいアイデアだといえます。例えば、すべての完了した操作の識別子をキューへ送信しましょう。

　もしブロッキング操作を作成できない場合は、リソースの存在を定期的にチェックする方法で対応できるかもしれません。例えば、Web ページのリロードを 5 秒間待つのではなく、ページに特定のタイトルや要素が含まれているかどうかを 100 ミリ秒ごとに確認しましょう。そして、データ処理の場合、トランザクションレコードがデータベースにあるかどうかを確認しましょう。

　定期的なチェック（サンプリングとも呼ばれます）は、テストで何かが発生することが予想される場合はうまく機能しますが、ユーザーの詳細が登録されていないなど、何かが発生してはならないことに対応することはあまり得意ではありません。その場合、別のイベントで対応するほうがよい場合が多々あります。この手法の詳細については、【▶Idea「代わりに何が起こるか」と尋ねよう】を参照してください。

Idea

テストからデータ生成処理を分離しよう

テストからデータ生成処理を分離しよう

　数多くの処理をまとめたテストは、多くの場合、それぞれの処理の属性値にはまったく依存しません。典型的な具体例としては、「システムが十分に短い時間で100,000の取引を読み取ることができるかどうか」を確認するテストが挙げられます。それぞれの取引の詳細は、実際に処理を自動化するために必要になる場合がありますが、このテストの目的にはまったく関係ありません。それぞれの取引を詳細に指定していると、テストとして何をしたいのか理解できなくなってしまいます。しかし、単純に1つの取引を100,000個にコピーするやり方では適切な確認にならない可能性もあります。

　そういう場合、テストデータ用のジェネレーターを作成することをおすすめします。例えば、資金や口座をランダムに割り当てて取引を作成し、必要

な取引数をテストで指定するだけです。

テスト用に自動生成されたデータを入力可能なシステムは、多くの場合、わずかな変更を加えれば、多くの異なるテストシナリオで同じ入力を使用できます。ただし、データジェネレーターとテストは密接に統合されていることが多いため、簡単に調整することはできません。そのため、多くのチームは、最終的に、テストスイートのあちこちに同じようなジェネレーターを複製することになります。これは多くのメンテナンスの苦痛を引き起こす可能性があります。

生成されたデータを用いて多くのテストを実行する必要があるような場合、フィードバックを改善しメンテナンスコストを削減するための最良のトリックの1つは、データジェネレーターを個々のテストシナリオから完全に切り離すことです。個別のライブラリや個別のプロセスとして記述するのです。

主な利点

テストデータのセットアップをテスト実行から分離すると、柔軟性が簡単に大幅に向上します。各コンポーネントは個別にメンテナンスでき、ジェネレーターはテストを変更せずに、より適切なバージョンに置き換えることができます。

ランダムに生成されたデータを使用するテストが失敗した場合、常に、そのデータが無効なデータになっている可能性があります。データジェネレーターをテストから分離していれば、データジェネレーターを個別に実行し、必要に応じてデータを検証するのは、ずっと簡単になります。

基盤となるインフラストラクチャによってはテストの自動化やメンテナンスが困難な場合もあります。その場合、データジェネレーターとテストを分離するとテストを再利用できる可能性があります。チームは、さまざまなデータジェネレーターを自動テストに接続して利用できるため、テストのメンテナンスが大幅に簡素化されます。例えば、チームがデータファイルを交換するだけで、ヨーロッパとアメリカの取引で同じテストを使用できます。

さまざまなジェネレーターは、チームがリスクカバレッジに対するフィードバックの速度をトレードオフするのにも役立ちます。例えば、チームは内部テスト環境でランダムに生成された取引を使用できますし、ユーザー受け入れテストのために本番データベースから先月の取引をコピーする遅い処理も使用できます。

この工夫は、専門のハードウェアへの依存を減らすためにも使用できます。例えば、チームは開発中に疑似乱数を使用できますし、本番環境に展開する前にハードウェア乱数ジェネレーターを使用して、同じテストを実行できます。

データジェネレーターをテストから分離することにより、チームは生成されたデータを再利用するオプションも取得できます。私たちが協力したいくつかのチームは、テストスイートのセットアップで、関連するテストをグループ化し、データを1回だけ生成することで、テストスイートの合計実行時間をケタ違いに短縮しました。

🔑 それを機能させる方法

可能であれば、テストデータをファイルに保存し、単純なデータ形式を使用しましょう。できるだけバイナリ形式を避け、代わりに人間が読めるテキストを使用してください。

また、位置ベースの、列や複雑なネストされた構造は避け、スペースやコンマなど、人間が理解できる区切り文字を使いましょう。位置ベースのデータはプログラミング時間を少し節約しますが、データを手動で検証する可能性を失います。

生成されたデータが人間が読める形式になっていれば、故障が発生しても、ドメインの専門家に渡して直感的な確認を行うことができます。また、入力を簡単に変更したり手作りしたりもできます。変更の監査証跡が必要な場合は、テキストファイルをバージョン管理システムで管理して証跡を残すこともできます。

ジェネレーターの実行が複雑または時間がかかる場合は、ジェネレーター

のパラメーターと生成したデータファイルを結びつけて、テストを再利用できるようにしましょう。引数が少ないジェネレーターの場合、ファイルの内容を名前で示すことが適切な解決策です。例としては、「US」と「100000」をパラメーターとして生成された取引ファイルのファイル名を「`trades-100000-US.txt`」にすることなどが挙げられます。

　また、より複雑な構成の場合は、別の構成ファイルを使用し、拡張子を変更しただけの名前を出力ファイルに付けることをおすすめします。例えば、ジェネレーターが読み取るファイル名が「`trades-166.cfg`」のとき、作成するファイルは「`trades-166.txt`」となるわけです。これにより、個々のテストで関連ファイルがすでに存在するかどうかを確認し、ジェネレーターを繰り返し実行することを回避できます。

　さらなる利点として、ジェネレーターのバグを修正したり、まったく異なるジェネレーターを使用したりした場合に、チームが同じ引数を使用してデータを再生成できる、ということも挙げられます。

　ただし、ジェネレーターをテスト実行から切り離すと、信頼の問題が発生します。そのため、同じテストに複数のジェネレーターを使用することを計画している場合、または入力データを手動で変更したり作成したりすることが予想される場合は、テストの前にデータに対して基本的なデータ妥当性チェックを実行することをおすすめします。無効なデータによって引き起こされた誤警報を調査する必要がなくなるため、このような基本的な妥当性チェックにより、あとあと多くの時間を節約できることにつながります。

ユーザーインタフェースを通じた
やり取りは最小にしよう

　当然のことながら、ユーザーインタフェースとは、日常、ユーザーがソフトウェアシステムについて考えるときに最初に頭に浮かべるものです。そのため、ユーザーに提供するフィーチャーのほとんどの受け入れ基準は、ユーザーインタフェースを通じたやり取りに言及しています。そうした具体例からテストについての議論を始めるのは悪いことではありませんが、それらをそのままテストの最終的な目的として受け入れてしまわないよう注意してください。

　テストにおいて、ユーザーインタフェースを通じたやり取りは、テストの実際の目的ではなく、テストの方法を説明していることがよくあります（そ

れが問題である理由については、【 ≡Idea 「どうやって」ではなく、「何を」テストするのか説明しよう】を参照してください）。ユーザーインタフェースを介した自動化により、テストが不必要に遅くなり、環境に依存し、脆弱になり、テストの有効性が大幅に制限されてしまうことが多くあります。

　ユーザーインタフェースを介して実行されるテストは通常、アプリケーションスタック全体を対象とするため、システム全体に適用される一貫性と有効性のルールによって制約がかかり、徹底的なテストの邪魔になる可能性があります。例えば、メールシステムは、ユーザーが短期間であまりにも多くのメッセージを送信した場合、送信を抑止することがあります。この制約があると、送信制限をテストするには最適かもしれませんが、「ユーザーの受信トレイに数千のメッセージがある場合にシステムがどのように機能するか」をテストするためのコンテキスト準備はほとんど不可能です。また、アプリケーションスタック全体が一緒になると、そのような制約を簡単に無効にすることもできません。

　一方、ユーザーインタフェースは、決定論的チェックだけでは十分にテストできません。ユーザーインタフェースで発生する可能性のある多くの予期しないことは、ほとんどの場合、人間の目で見つけ、批判的な人間の脳で分析する必要があります。すべてのフィーチャーが期待どおりに動作する場合でも、視覚的なコントロールの配置、色のコントラスト、要素の視覚的および空間的な構成、一般的なルックアンドフィールが原因で、ユーザーインタフェースが使い物にならない場合があります。そのため、すべてが期待どおりに動作することをマシンに判断させるのではなく、ユーザーインタフェースの重要な側面を人間に見てもらうほうがずっと優れています。

　テストが、何かユーザーインタフェース内で重要なリスクを実際に確認しているのではない限り、ユーザーインタフェースにおける具体的なアクションをビジネスドメインの概念に言い換えて説明するようにしましょう。そして、ユーザーインタフェース固有のリスクを処理するテストでのみ、ユーザーインタフェースのアクションを残しましょう。

主な利点

　ユーザーインタフェースを通じたやり取りを最小限に抑えると、テストがより高速で信頼性の高いものになります。多くの場合、ユーザーインタフェースはシステムの中で最も遅く、脆弱な部分であり、ユーザーインタフェースの小さな変更はテストを簡単に壊します。

　例えば、ボタンをリンクに変換するとボタンに依存するすべてのテストが壊れます。それはもし、まったくボタンとは異なるものをチェックしている場合やテストデータをセットアップするためだけにボタンを使用している場合であってもです。テストの目的に実際には関係のないユーザーインタフェースレイヤーを回避することで、チームは同じレベルのリスクカバレッジを維持しながら、トラブルシューティングの時間を大幅に節約し、フィードバックをスピードアップできます。

　ユーザーインタフェースを通じたやり取りを回避することで、フルスタックの検証と一貫性を回避し、特定部分の個々のフィーチャーを検証する具体例を指定して自動化することもできます。

　例えば、アプリケーションスタックの上位層でメッセージ送信の制約を回避しようとするのではなく、何千ものメッセージをデータベースに直接送り込み、大量の受信メッセージのある受信トレイのパフォーマンスを検証できます。

それを機能させる方法

　ユーザーインタフェースを介してテストを実行する必要がある場合でも、実際にユーザーアクションをシミュレートするテストの部分を最小限に抑えましょう。テストのどの部分が実際にユーザーインタフェース固有のリスクを処理しているかを評価し、ユーザーインタフェースを回避して他のすべてを自動化してください。

　セットアップおよびクリーンアップタスクは、テストの信頼性と再現性を高めるのに役立ちますが、実際にはユーザーインタフェースのリスクに対処

ユーザーインタフェースを通じたやり取りは最小にしよう

していません（より正確に言えば、すべきではありません。セットアップタスクがテストを行っている場合は、いくつかのテストに分割するべきなのです）。このような補助的なタスクは、取り出してそれぞれ自動化するよい候補になります。

例えば、一緒に働いていたあるクライアントのところで動いていたテストは、有効な状態の顧客情報を作成するため、テストを開始する前に、以下に挙げるすべての処理を行っていました。管理アプリケーションの起動、ユーザーの登録、アカウントの承認、支払いカードの登録、支払いカードの承認、アカウントへの送金、です。そしてそれらは、それぞれのテストで約 90 秒かかっていました。

デリバリーチームは、データベースを直接更新して「Given 100 ドルを持った有効な顧客アカウント」という 1 つのステップにすべてを置き換えました。結果として、リスクを増やすことなく、有効な状態の顧客情報をミリ秒単位で作れるようになりました。またそれだけでなく、テストの信頼性も高くなりました。

テストのコンテキストを直接操作できない場合でも、アプリケーションのユーザーインタフェースレイヤーよりも下のレイヤーで適切なセットアップまたはクリーンアップコマンドを実行できることがよくあります。例えば、ブラウザーを起動して非同期の JavaScript イベントを待機する代わりに、アプリケーションがバックエンドに対して行う HTTP 呼び出しをシミュレートしましょう。これは、すべてユーザーインタフェースを介して行う実行よりもケタ違いに高速で信頼性が高く、アプリケーションスタックから通常最も不安定なレイヤーを削除します。

アプリケーションがユーザーインタフェースレイヤーよりも下のレイヤーでコンテキストを直接自動化する方法を提供しない場合、アプリケーションコンテキストをロードするために、テスト固有のネットワークインタフェースを導入することが多くのケースで価値があります。

例えば、モバイルアプリケーションをテストする際に、テストを実行するごとに、異なる内部メモリ状態、内部ファイルの内容、およびアプリケーション状態が必要になる場合があります。そのような場合、あるテストから別の

テストにコンテキストを正しく変更するには、ユーザーインタフェースを介した、遅くてエラーが発生しやすい手動の介入が必要になる可能性があります。また、シミュレーターで実行するアプリケーションをテストするケースでは、毎回シミュレーター全体をリロードしてコンテキストをセットアップできますが、これでは数百のテストを実行するのに非常に時間がかかる可能性があります。

　別の方法として、モバイルアプリケーション内でTCPチャネルまたはWebサービスを設定することにより、テストのコンテキストをリモートで制御することもできます。すると、テストフレームワークは、そうした制御サービスを使用して、アプリケーションの表面下で各テストのステージを確実かつ迅速に準備できるようになります。もちろん、このようなテスト用のリモートコントロール機能のパッケージ化は、アプリケーションのテストバージョンでのみ行う必要があります。

ユーザーインタフェースを通じたやり取りは最小にしよう

ビジネスの意思決定、ワークフロー、技術的な相互作用にテストを分類しよう

　優れたテスト自動化の書籍では、ユーザーインタフェースを介したやり取りを最小限に抑えるか、完全に回避することが推奨されています。ただし、実際には、テストを実行できるのがユーザーインタフェースだけといった場合のように、ユーザーインタフェースを介したやり取りが適切となるケースもあります。

　一般的な具体例としては、アーキテクチャがほとんどのビジネスロジック
をユーザーインタフェース層に配置している場合が挙げられます（このよう
なアプリケーションは、作成中であっても、作成者からも「レガシー」と呼
ばれることがよくあります）。また別の一般的な状況は、不透明なサードパー
ティコンポーネントが重要なビジネスプロセスを動かしているものの、実用
的な自動化の仕掛けが組み込まれていないような場合です。

　このようなとき、チームは、メンテナンス不可能な恐ろしいスクリプトと
なるレコードアンドリプレイツールに頼ることがよくあります。このような
テストは制御が非常に難しく、メンテナンスにコストがかかるため、重要な
シナリオのごく一部しかチェックする余裕がありません。そのため、このよ
うな状況にあるチームは、しばらくするとあらゆる種類の自動化を完全に諦
めてしまうことが多々あります。

　このようなテストには2つの重大な問題があります。1つは、実行に完全
なアプリケーションスタックが必要になることが多いため、速度が遅いこと
です。もう1つは、非常に壊れやすいことです。画面上のボタンを別の場所
に移動したり、ハイパーリンクに変更したりするなど、ユーザーインタフェー
スを少し変更すると、その要素を使用するすべてのテストが壊れます。以前
に公開された情報を表示するためにログインを必須化する、バックエンドの
新たな認証要件を導入する、といったアプリケーションワークフローの変更
により、すべてのテストが即座に壊れてしまうのです。

　そのようなテストでは、ユーザーインタフェースレイヤーより下のレイ
ヤーを用いたテストと同等の速度で実行する術はないでしょう。しかし、そ
のようなテストのメンテナンスのコストを大幅に削減し、大規模なテストス
イートを管理しやすくするような、いくつかの素晴らしい工夫が確かにあり
ます。

　最も重要なアイデアの1つは、自動化に3層のアプローチを適用すること
です。つまり、ビジネスの意思決定、ワークフロー、および技術的な相互作
用を別々の層に分割するのです。その後、すべてのビジネスの意思決定のテ
ストで同じワークフローコンポーネントが再利用されることを確認し、ワー
クフローコンポーネントが共通のユーザーインタフェース要素に関連する技

術的な相互作用を共有することを確認しましょう。

このアプローチは、シンクライアントの管理アプリケーションを使用する金融機関から、消費者向けの Web サイトを開発する会社まで、多くのクライアントで使用されています。これは、考えられるすべてのユーザーインタフェースにおける自動化にとっての銀の弾丸ではないかもしれませんが、それにかなり近づいており、少なくとも議論の出発点に値します。

主な利点

レコードアンドリプレイ方式のテストと比較して、3 層アプローチの主な利点は、メンテナンスがずっと簡単なことです。

まず、変更が局所化されます。ボタンが突然ハイパーリンクになった場合、変更する必要があるのは 1 つの技術的な相互作用だけであり、そのボタンに依存するワークフローは引き続き動作します。ワークフローが新しいステップを取得した場合、またはステップを失った場合、変更する必要があるのはワークフローコンポーネントだけです。ワークフローを使用するいずれのビジネスの意思決定と同様に、すべての技術的な相互作用はそのままで動作します。

最後に、ワークフローはビジネスの意思決定をチェックするために再利用されるため、さらなるビジネスのテストも簡単に追加できます。

3 層のデザインパターンは、人気のあるページオブジェクトパターン[訳注1] の考え方に触発されています。ビジネスのテストを現在の Web ページ構造に緊密に結びつけるのではなく、すべての一般的な変更を切り離します。

ページオブジェクトを使用した自動化テストは、ページ間の遷移を変更したり、相互作用の順序に影響を与えたりするワークフローの変更によって簡単に壊れます。このため、3 層アプローチは、自明ではないワークフローを持つアプリケーションに、より適しています。

訳注1　自動テストで有名な設計パターンの 1 つ。テストコードと Web ページの定義を分離して設計します。

数多くの厄介なユーザーインタフェースロジックを備えたアプリケーションでは、多くの場合、ビジネスのテストだけでなく統合テストの優れたセットが必要です。3層アプローチのもう1つの大きな利点は、最下層の技術的な相互作用を技術面での統合テストへ簡単に再利用できることです。これにより、テストメンテナンスの全体的なコストがさらに削減され、デリバリーチームは新しいテストをより簡単に自動化できます。

🔑 それを機能させる方法

ほとんどのテスト自動化ツールは、1つまたは2つのレイヤーで動作します。FitNesse、Concordion、Cucumberなどのツールは、ビジネスの仕様と自動化したテストコードという2つのレイヤーを提供します。

一方、Selenium RCや単体テストツールなどの開発者指向のツールは、自動化したテストコードという1つのレイヤーのみを提供する傾向があります。テスター指向のツールも同様です。これは多くのチームに、レイヤーを極力設けず平坦化すべき、という誤解を生み出しています。

これらのツールのほとんどの自動化レイヤーは、抽象化と階層化を可能にする標準のプログラミング言語を使用して記述されています。例えば、Concordionを使用すると、最上位（人間が読める仕様）をビジネスの意思決定レイヤー用に予約できます。また、自動化したテストコードはワークフローコンポーネントを利用するように構成でき、ワークフローコンポーネントは技術的な相互作用のコンポーネントを利用します。

Cucumberなどの一部のツールでは、テスト仕様（トップレベル）でも基本的な再利用と抽象化が可能です。これにより、理論的には、技術的な相互作用にのみ最下位の自動化レイヤーを使用し、上位2つのレイヤーをビジネスで読み取り可能な部分に押し込むことが可能です。しかし、チームに開発者よりもずっと多くのテスターがいる場合を除き、これを避けることが最善です。つまり、人々は、自動化されたリファクタリング、コンテキスト検索、コンパイルチェックなどの最新の開発ツールからのサポートなしで、プレーンテキストでプログラミングすることになるのです。

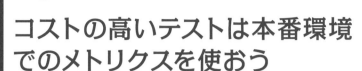

≡ Idea

コストの高いテストは本番環境でのメトリクスを使おう

　多くのチームは、コストがかかるものや測定が難しいものをテストすることに躊躇します。それでも、信じられないほど価値のある難しいテストもあり、それらはコストが高いものの、その価値はコストをずっと上回っています。

　例えば、結果の画面についてユーザビリティの改善をテストする際に、ワイヤーフレームで記述された要件と比較するのは安価ではありますが、ユーザビリティの改善を確かめるために真に行うべきなのは、「実際にユーザーが何かを速く行えるか」というテストです。

ユーザーの生産性のための変更は、ワイヤーフレームに準拠するよりも測定により多くのコストがかかりますが、同時に、その情報のほうがずっと価値があります。Kohavi、Crook らによる論文「Online Experimentation at Microsoft」では、いくつかの統計結果から、ソフトウェアに実装されたすべてのアイデアの約 3 分の 1 だけが、改善を狙ったメトリクスを実際に改善できた、と述べられています。

要件への準拠を測定するだけでなく、これらのメトリクスを直接チェックすることで、失敗したアイデアを排除し、ソフトウェアメンテナンスのコストを削減して、ユーザーにより多くの価値を提供できます。

また、最新のソフトウェアデリバリープロセスとテクノロジーにより、このような測定のコストを大幅に変化させることも容易になっています。頻繁な反復リリースにより、変更によってもたらされるリスクは大幅に低下します。その後、本番環境への小さな変更の影響を観察することで、全体的な影響のテストを安価かつ簡単に開始できます。例えば、本番環境のメトリクスを設定して、ユーザーが実際にタスクを完了するのにかかる時間を測定し、ソフトウェアの変更が展開される前後の測定値を比較するのもよいでしょう。

テストが難しいことを受け入れて無視するのではなく、本番環境で測定できるかどうかを調査しましょう。その場合は、テスト戦略を拡張して、そのような測定値を含めましょう。そして、具体例や仕様に対して通常行うように、期待を述べ、それらが実現されていることを確認しましょう。その際、フィーチャーがユーザーに提供されたあとに発生していることであっても、他のテスト活動の場合と同じようにレポートしましょう。そのような方法で完全に検証されるまで、ユーザーストーリーが完成したとは考えないでください。

主な利点

本番環境における主要な使用状況のメトリクスを用いてテストすることで、非常に大きな測定のコストを大幅に削減できます。例えば、中規模の Web サイトのパフォーマンステストでは、通常、本番環境のようなハードウェアを用意し、高価なストレージシステムと複雑な構成を処理してから、システムに同時にアクセスする大規模なユーザーグループをシミュレートする必要がありました。

このようなシミュレーションには、シミュレートされたユーザーの処理がピーク時の使用状況を現実的に反映しておらず、ハードウェアの制約が実際の本番環境と一致しないというリスクが常に伴います。例えば、テスト環境ではディスクの入出力にボトルネックがあり、本番環境では CPU 処理にボトルネックがあるといったものです。

小さな変更が十分頻繁に行われる状況では、個々のリリースのパフォーマンスリスクは最小限に抑えられるため、実際の使用傾向を調べてパフォーマンスメトリクスを収集できます。そのため、個別のテスト環境は必要ありません。また、シミュレーションでは起こり得る、実際に使用する際の重要な側面を見逃すリスクもありません。

多くの場合、本番メトリクスはアドホックに収集され、問題のトラブルシューティングに主に使用されます。それらは、異なるバージョンや長期間にわたって比較できることはめったにありません。ただし、チームがテスト戦略の一環として本番環境のメトリクスを積極的に使用する場合、チームは測定対象や情報が収集される理由と方法についてより正確になっていきます。そして、時間の経過とともに比較可能になっていきます。これにより、チームは将来の影響分析のために興味深い情報を入手でき、このことが本番環境でこのようなテストを実施することの副次的効果となっています。

それを機能させる方法

　本番環境のメトリクスの測定は、パフォーマンスや使いやすさの向上のためのサービスレベルアグリーメントなどの横断的関心ごとに最も役立ちます。これは、製品の有用性、または成功に関連する品質の側面をテストするための、非常に効果的なアプローチである可能性があります（【 Idea 関係者と品質に関する全体像を定義しよう】で説明されているソフトウェアの品質の上位 2 レベルを参照してください）。

　もしソフトウェアが事前にメトリクスを収集するように設計されていない場合、そのようなものを測定するのは法外にコストがかかる可能性があります。そのため、本番環境で役立つ測定値を特定したら、それらを簡単に収集できるようにソフトウェアを変更する必要があるかどうかをチームと話し合いましょう。どのような行動を測定したいかを把握して、ソフトウェアの設計に事前に影響を与えることができれば、テストの実行は非常に安価になります。

　Web ベースのツールの場合、Google Analytics などのオンライン分析システムを使用すると、チームが何を探すべきかを知っている限り、実際のユーザーの行動を簡単にレポートできます。

　Web 以外のアプリケーションの場合、ログファイルまたは定期的なネットワークアクセスを介して、監視メトリクスを組み込み、収集できます。

コストの高いテストは本番環境でのメトリクスを使おう

Chapter

4

大規模な
テストスイートの管理

自動テストを開発者の責任としよう

多くの組織は、補助的な活動としてテスト自動化を始めます。そして、開発スケジュールを中断することなく完了させることが求められます。そのため、多くの場合、テスト自動化の専門家が開発後に作業したり、テストの高速化と低コスト化を担当するチームが作業したりします。これは誤った考え方であり、後々多くの問題を引き起こす可能性があります。

開発とテスト自動化を切り離すことにより、チームは多くの重複した作業を生み出すか、フィードバックを不必要に遅らせることになります。そして開発中にすべてのテストを手動で実行することはほぼ持続可能ではないため、本格的なテストを行わないまま開発が正式に終了してしまうことがあります。

もし、開発者が潜在的な問題に関するフィードバックを受け取るのが、別のチームがテスト自動化したあとだけだった場合、修正が必要なコードは他の人によって変更されているかもしれません。この場合、開発者は問題を修正するために、より多くの調整を行い、他の変更の可能性を調査する必要があるため、さらに遅延が発生します。

さらに、テストを自動化するために専門家を雇うと、彼らはしばしば仕事に忙殺されます。10人の開発者は、1人がテストできるよりもずっと多くのコードを作成できるため、専門家による自動化がボトルネックとなることがよくあります。これにより、デリバリーパイプラインがテスト自動化の速度にまで遅くなる、もしくは、テストを完了せずにソフトウェアが出荷される、といったシナリオが起こり得ます。

最初のシナリオは、組織がソフトウェアを迅速に出荷する能力を失うため、恐ろしいものです。また2番目のシナリオは、開発者がテストを気にするのをやめ、自動テストが時間とお金の無駄のように見えるため、恐ろしいものです。開発者はシステムをテスト可能に設計せず、テスト自動化がさらに困難になり、開発とテストの間の遅延が大きくなります。これらはどちらにしてもまずい状況です。

開発者とは別の担当者であるテスト自動化の専門家がシステム内部についての洞察を持っていることはめったにないため、彼らにとっての唯一の選択肢は、テストをエンドツーエンドで自動化することです。しかしこのようなテストは、不必要に遅くて壊れやすく、維持するのに多くの時間がかかります。そのため遅くて難しいテストは、重要なデリバリーパスをテストによって中断しないよう、テストをデリバリーパスから切り離そうという議論を強化してしまいます。

テスト自動化の専門家は、開発者がなじみのないツールを使用することがしばしばあります。そのため、チームの他のメンバーに助けを求めるのは簡単ではありません。自動テストのわかりにくい問題は、テスト自動化の専門家が調査する必要があり、それがさらなるボトルネックになります。そしてテストがデリバリーからさらに分離され、より多くの問題を引き起こしてしまうという悪循環になります。

何百ものテストを作成して自動化する唯一の経済的に持続可能な方法は、開発者にそれを実行する責任を持たせることです。また、専門家グループやテスト自動化の専門家を使うのは避けてください。機能を実装する人々にテストを実行する責任を与えましょう。そして、それを適切に実行するために必要な情報を持っていることを確認しましょう。

主な利点

同じ人がコードの実装と変更、関連するテストの自動化の責任を持つ場合、テストは通常、ずっと確実に自動化され、ずっと高速に実行されます。開発者はシステム内部についての洞察を持っており、さまざまな自動化の仕掛けを使用でき、エンドツーエンドだけでなく、実際のリスク領域に応じてテストを設計および自動化できます。これは、開発者が好きで使い慣れたツールを使用できることも意味するため、わかりにくい問題の調査をより多くの人々に委任できます。

さらに、開発者が自動化の責任を持つ場合、開発者は、そもそも機能の制御と監視を容易にするようにシステムを設計します。彼らは、単独でテストできるモジュールを構築し、テストを迅速に実行できるようにそれらを切り離します。これにより、テストが高速化されるという利点がありますし、モジュラー設計により、システムの進化と将来の変更要求の実装も容易になります。

開発者がテスト自動化の責任を持つ場合、テストは迅速なフィードバックを提供します。問題を発生させてからそれを発見するまでの時間は大幅に短縮され、その間に他の誰かが対象となるソフトウェアを変更するリスクはほとんどなくなります。

これらの3つの要因は、テスト自動化の経済性を大きく変えます。テストはより速く、より安価に実行され、信頼性は高まり、システムはよりモジュール化されているため、テストの作成が容易になります。さらにテストの後半で人為的なボトルネックは発生せず、高品質と高速なデプロイのどちらかを選択する必要もありません。

それを機能させる方法

　開発者がテストを自動化させることに対するよくある反対意見は、別々にすることで、独立したフィードバックを確保し、思い込みによる認知の誤りを回避できる、というものです。これに対抗する正しい方法は、適切な人がテスト設計に関与しているかを確認することです。開発者はテスト自動化に責任を持つ必要がありますが、チーム全体（ビジネスのステークホルダーとテスターを含む）がテストする必要があるものの決定に関与する必要もあります。

　テスト自動化の経験がないチームは、自動化の専門家を雇って作業を行うべきではありません。開発者が自動化のための特定のツールの使用方法を教わり、テストを設計するための最良の方法に関するアドバイスを得るためにのみ、外部の専門家を雇うべきです。

　自動化が誤って行われるリスクが高いチームも、自動化作業中にテスターと開発者をペアにし、かつ自動化したテストコードを調査するためにいくつかの簡単な探索的テストを実行することで、リスクをさらに減らすことができます。

Idea

他のチームと一緒にテストを設計しよう

　大規模な組織では、チーム間の境界に関係するところが最も品質リスクが高くなるものです。ドキュメントの更新頻度よりも頻繁に設計の判断やインタフェースを変更しているチームにとって、このことは高速で反復的なデリバリーを実現するため特に問題になりやすいところです。

　1つのチームの仕事が他のチームの仕事に依存している場合、新しいコンポーネントの情報や最新バージョンの提供を待たされることになり、そのチームの仕事のデリバリーが妨げられてしまう場合があります。そのような状況は、提供する側のチームからもたらされる予期せぬ変更に対して、依存する側のチームが常に対応する必要があります。結果として、開発とテストの両方に不必要な手戻りが多発します。

マイクロサービスのような現代的なアーキテクチャでは、他のチームの公開 API にのみ依存する、という解決策でこの問題を軽減しています。しかし、チーム間のコミュニケーションが生じること自体は避けられません。また、このような解決策はどんな場合でも適用できるわけではありません。多数のレガシーシステム、特に大規模な組織で動いているシステムは責務の分担が適切に行われているはずがありません。そして、同じ組織の他のチームを完全に外部のサードパーティのように扱うのはおそらくやりすぎでしょう。

私たちがいろいろな現場のさまざまなコンテキストでうまくいっているのを見た、解決の可能性が高い対策は、利用する側のチームと提供する側のチームが、チーム間の境界のテストを一緒に設計することです。API のためのテストセットを共有する、あるいは、データを共有しつつ主要なシナリオやリスクについて合意するのです。その際、モジュールを提供する側と、モジュールを利用する側が、一緒にテストを作成することが何よりも重要です。そして、チーム間でテストを共同所有できることが理想的です。変更を忘れずに相手へ伝えられるようになるからです。

例えば、データ分析部門で仕事をしていたときのことですが、その部門で扱っている DWH をさまざまなチームが使っていました。そのうち 3 つのチームが、さまざまなサードパーティから元データをインポートするために使っていました。また、内部レコードを整理して、簡単にレポートを出力できるようにしているチームは 2 つあり、さまざまな業種向けのレポートを作成して、クライアント向けに活動しているチームは 3 つありました。

クライアント向けにレポートを作成しているチームは、情報が不完全であったり一貫性がなかったりするせいで時々ブロックされていただけでなく、不完全な情報が発見されたときには、多くの手戻り（と高コストな再テスト）が発生していました。クライアント向けに活動しているチームは、データを整理しているチームと一緒にテストを定義するよう、ワークフローを変更しました。彼らが作成したテストには、主要なデータを含むレポートサンプルがあったため、パイプライン全体でどのようなレポートが求められているのか把握できるようになりました。

主な利点

　チーム間の境界に関係するテストを共同所有することの主な利点は、共有するモジュールの内部について、両者が明確な期待値を持てることです。もちろん、利用する側のチームがモジュールの内部構造を完全に理解する必要はありません。利用する側のチームがテストの作成やメンテナンスに参加すると、自分たちが利用する主要なコンポーネントに関する性質や制限を明確に理解できるようになります。

　提供する側のチームにとっては、利用する側のチームが必要としていることをより可視化できることになります。利用する側のチームの重要なシナリオをテストが扱っていれば、提供する側のチームは互換性を損なう変更の可能性を下げられます。また一般的に、一緒にテストを作成することは、提供する側と利用する側の両方で、驚かされる場合を減らしていきます。

　一緒にテストを作成することの2つ目の利点は、それらのテストは連携する部分を説明するよい具体例になる場合が多い、ということです。このことは、提供するチームが独立したAPIドキュメントをメンテナンスし、提供する必要性を低下させます。

　3つ目の利点は、早い段階で無関係なユースケースや不完全な解決策を発見できる、ということです。利用するチームが連携する部分のテストの作成に参加するようになると、重要な依存関係が実装から漏れてしまう可能性は低下します。

それを機能させる方法

　特に大規模な組織において、テストセットを共有することに関する最大の課題の1つは、誰が失敗したテストを修正する最終的な責任を負うのか、という点です。理想的には、所属するチームに関係なく、故障の原因となる変更をした人がすぐに故障を発見して、修正すべきです。

　残念ながら、チームの間の境界では、テストを失敗させた原因となる変更をすばやく特定できないかもしれませんし、その変更を行った人さえも発見

できないかもしれません。そのため、できるだけ、提供するチームが自分たちだけですべての共有されたテストを実行できるようにしましょう。そしてそれには、利用するチームのコンポーネントを提供するチームのテスト環境にインストールしたり、他のチームのテスト環境へアクセスできるようにしたりする必要があるかもしれません。依存されるコンポーネントを壊してしまったかどうか、迅速にフィードバックが得られるようにしましょう。

　もちろん、状況は必ずしもそう単純ではありません。提供するチーム1つが利用する10や100のチームを相手にしているようなら、すべての依存されるコンポーネントに対応することは経済的に不可能でしょう。もし、もっと複雑な環境で仕事をしていて、共有されたテストを試してみたいのなら、まずEric Evansの『Domain-Driven Design』（日本語訳：『エリック・エヴァンスのドメイン駆動設計』）を読んでみましょう。その中で、Evansは大企業で仕事を組織的に行うためのよい戦略とチーム横断パターンを示しています。特に、その書籍のコンテキストマッピングの章を読んでみるとよいでしょう。

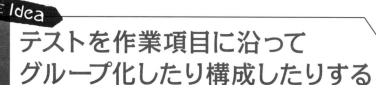

テストを作業項目に沿って グループ化したり構成したりする ことは避けよう

世の中が反復的なデリバリーモデルに移行してから、多くのチームはテストを他の作業項目と同じように扱うようになりました。ユーザーストーリーについて議論して得られたテストは、グループ化されたりそのユーザーストーリーに添付されたりします。また、次のユーザーストーリーのテストは別のものとして扱います。それらテストは、ユーザーストーリーと同じ Wikiページに記述する場合や、タスク管理システムにおけるユーザーストーリーのサブタスクとして記録されている場合がほとんどです。

このような方法は、始めの数カ月間はうまくいくのですが、だんだんうまくいかなくなっていきます。

このアプローチの問題点とは、反復的なデリバリーを実践しているチーム

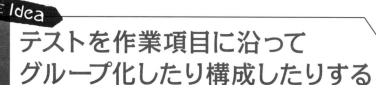

は前からある機能を頻繁に書き直したり拡張したり見直したりする傾向があることです。あるフィーチャーを拡張したり、縮小したり、ちょっと変更するときは、関係するテストも変更しなければなりません。少しフィーチャーを変更しただけで毎回新しいテストを作るのは、生産的とはとてもいえません。そのため、過去の作業項目からテストの仕様を複製して、変更内容に合わせて調整することになります。

　しかし、反復的なデリバリーでは、作業項目とフィーチャーが本当に一致しているわけではありません。1つのユーザーストーリーが複数のフィーチャーへの変更を必要とする場合もあるし、1つのフィーチャーが何十ものユーザーストーリーを通じてデリバリーする場合もあるのです。この手の不均衡は、最初は目立ちませんが、数カ月後には大きな摩擦を生じさせてしまいます。

　このプロセスを始めたばかりの頃の変更は、調査対象の数は少ないため、関連する作業項目を集めて統合することは簡単です。数カ月もすると、その作業はとても骨の折れる、間違いやすいものになってしまいます。完了した作業項目が増えるにつれて、関連する作業項目を発見するのはますます困難になっていきます。同じように、最初のうちは、予期しない影響や機能的な回帰バグを防ぐのはそれほど難しくありません。

　しかし、数カ月後には、持続可能なペースでデリバリーを続けることが極めて困難な状態になってしまいます。さらに、強化したり、無効化したりした過去の作業項目でテストを構成すると、まだ有効なテストと捨てるべきテストの区別が、どんどん難しくなってしまいます。小規模な反復で行う変更が影響するのは、たいていの場合以前のテストのごく一部だけなので、それ以外の部分は有効なままでしょう。

　反復的にソフトウェアシステムを成長させていると、関連するテストも成長していきます。どこかの時点で、デリバリーチームはフィードバックの速さと包括性のトレードオフを判断しなければなりません。これは、変更のたびに毎回実行するべきテストと夜間に実行するテスト、そして時々実行する必要があるテストを誰かが決定する必要があることを意味します。

　特にこれは、自動テストと手動テストを混在させているチームにとって重

要な判断になります。デリバリーに必要な作業項目に沿ってテストが整理されている場合、ビジネスのステークホルダーに相対的なリスクとテストの重要性を判断してもらうことは不可能でしょう。テストの優先順位付けはデリバリーチームや、チームに所属しているテスターに任されている場合が多いのです。これは、本来なら技術的な要素ではなく、ビジネスリスクの判断であるべきです。

プロセスを反復的なモデルに変更し始めたところなら、テストを作業項目に沿ってグループ化したり構成したりする誘惑を避けてください。そしてテストをよりよい構成にするために労力を割きましょう。将来多くの時間を節約できます。

テストをビジネスプロセスに合わせて調整するとうまくいく場合が多いです。なぜなら、反復的な変更は小規模で横断的な改善を連続的に導入する傾向があるからです。

主な利点

作業項目ではなく、ビジネスの活動に応じてテストを構成していると、小さなビジネスの変更はテストの構造に小さな変化をもたらすことになります。これは、テストのメンテナンスが簡単になることを意味します。

ステークホルダーは、ユーザーの行動やビジネスプロセスのどの部分を変更しなければならないのかを特定していることが多いです。そのため、見直したり検討したりしなければならないテストを特定することも簡単になる、という理屈です。これは、ユーザーストーリーに関する議論を始めるきっかけとして役立ち、同じテストを繰り返し作成することを避けられます。

ビジネスの活動に応じてテストを構成することは、重複の特定を助ける効果もあります。これは、ソフトウェアの同じ部分をさまざまなチームが扱っている場合、特に重要な効果です。テストをそれぞれの作業項目として構成する場合、複数のチームをまたいだちょっとした不一致や重複作業の発見は不可能です。

最後に、ビジネスの活動に応じてテストを構成すると、ソフトウェアシス

テムの全体像を見据えながら、今のテスト活動を優先順位付けることが楽になります。何を保証するべきか、どの時点で最も速いフィードバックが必要か、時々しか実行できないテストはどれか、ということの議論に、ビジネスのステークホルダーを巻き込みやすくなります。

それを機能させる方法

　適切な構造になっていれば、特定のケイパビリティやフィーチャーに関する全体像をすぐに見極められますし、新しい変更としての拡張も簡単になります。テストを構成する典型的な構造としてよいものは、ビジネスエリアやユーザーのワークフロー、フィーチャーセット、技術要素としてのコンポーネント（ユーザーインタフェースの画面など）です。コンテキストによってうまくいく方法は違うので、早い段階でいろいろなテストの構成を試すことが最適です。

　コンシューマー向けソフトウェアの場合、主要なユーザーの行動に従ってテストを構造化するのはよいアイデアだといえます。バックオフィス向けのエンタープライズなソフトウェアの場合、主要なワークフローやユースケースに従ってテストを構造化するのはよいアイデアです。

　自動化された取引処理では、取引の種類にテストを合わせるとよいでしょう。テストをよい構造にするには少し時間がかかりますが、この時間はあとで簡単に節約することができます。

　チームの議論の起点として、それぞれのテストに対して行う最初のテストの考え方を確認することは、しばしば有用です。それは、初期の具体例やスクリーンショット、メモをタスク管理ツールにアップするなどです。タスク管理ツールで、スクリーンショットやメモを記録するときの具体例を示すことになります。これは議論になりがちな点なので、間違いなくよいことです。

　ただし、ユーザーストーリーについて議論したあと、そのままタスク管理ツールに残しておくべきではありません。そうしないと、ビジネスプロセスではなく作業項目としてテストを計画してしまうからです。

　ユーザーストーリーに関する議論が終わり、チームがデリバリーするユー

ザーストーリーを決めたら、関係するすべての具体例とテストをタスク管理ツールから移動させましょう。そして、それらとストーリーについて議論した結果をマージして、テストの構造に沿ってそれらを再構成しましょう。

　チームによっては、テストを二重に作成し、タスク管理ツールにテストの1つのコピーを置き、そしてテストツールに1つのコピーを置いていることがあります。ストーリーが完了した時点で実行するテストの小さなサブセットを特定できるようにするため、またはテストの変更に関する監査証跡を残すため、というのが、このようにテストをあちこちに記録してしまうことに関する一般的な意見です。

　しかし、複数のコピーを持つより、タグや参照で監査証跡を提供するほうがよいといえます。たいていのテスト管理ツールは、独立したシナリオにタグ付けやマーキングする方法を備えています。ユーザーストーリーをテストにタグで結びつけて、実行する小さなテストのサブセットを特定できるようにしましょう。複数の箇所に残して行ったことはすぐに乖離してしまうので、避けたほうがよいです。

テストを作業項目に沿ってグループ化したり構成したりすることは避けよう

テストは製品コードと一緒に
バージョン管理しよう

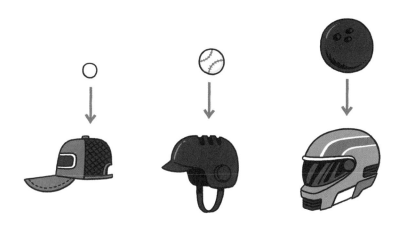

　最近は優れたテスト管理ツールや自動化ツールがたくさんあります。同じ製品を対象に、さまざまな目的のためにチームがいろいろなツールを使うことは当たり前になっています。このように、とてもよい時代になりましたが、そのせいでトレーサビリティの問題も生じています。

　なぜなら、ツールによってテストを保管する方法がバラバラだからです。あるものは独自のデータベースを使用し、あるものは共有ファイルシステムを使用し、あるものは Wiki サイトにテストを保存しています。あちこちのストレージにテストを保管していると、それらテストとソースコードのバージョンやブランチとの関係の追跡が難しくなります。特に、変更の頻度が高い場合はなおさらです。

Chapter 4 テストは製品コードと一緒にバージョン管理しよう

テストを保管する方法がバラバラなことは、テストを不安定にさせるか、必要以上にフィードバックを遅くさせます。もし開発者がフィーチャーの変更作業を始める前にテストを変更すると、開発者が作業を完了するまでテストは失敗してしまいます。そのうち、そのようなテストは、無関係の変更に対する回帰バグをチェックする役目が果たせなくなってしまいます。そして、他のチームがコンポーネント間の問題をそのようなテストでチェックすることもできなくなってしまいます。

関連するソフトウェアの変更の前にテストを修正しなければ、変更作業に取り組むデリバリーチームはテスト駆動開発の恩恵を得られません。実際に、ソフトウェアの変更がすべて完了するまでテスト活動を待たされることがよくあります。そのせいで、フィードバックはさらに遅れ、テストと開発が切り離されてしまいます。この問題を回避するため、進行中のタスクのテストを複製するチームもあるようです。ただ、そうすると不必要な重複が発生しますし、アクティブな開発ブランチが1つしかない場合だけしか機能できません。複数のアクティブなバージョンやブランチがあると面倒で間違えやすくなってしまうのです。

複数のブランチで作業する場合、ブランチごとに設定パラメーターが必要になる場合がよくあります。その際、チームには特別な設定値やちょっとした振る舞いの違いについて、テストのメモやコメントとして残す必要が生じます。そうなると、もうそれらのテストを自動的に実行することはできなくなってしまいます。機械に任せるべきチェックを手動で実行することになってしまうのです。

このようなやり方では、特定のブランチで多くのテストが一時的に失敗することが予想され、すべてがそろうまで深刻な問題が隠されてしまうことがよくあります。また、必要であれば行う古いバージョンをテストすることもできません。例えば、本番バージョンへの修正に回帰バグが混入していないことを確かめることができません。

より複雑な製品では、テスト管理のオーバーヘッドが高くなりすぎて、頻繁な変更の邪魔になってしまう場合があります。これは、テストのトレーサビリティの証明が重要な規制のある業界で特に問題となります。開発者たち

は1週間や2週間の反復で技術的な対応が完了でき、ビジネスアナリストもサイクルをサポートできるにもかかわらず、テスト管理のコストが法外に高いため、チームは四半期サイクルで作業しなければならない、そんなチームと私たちは何度か仕事をしたことがあります。

複数のテストツールを利用することがこれらの問題の原因になる場合もあります。ただ、これらは本質的な問題ではありません。問題が生じるのは、メインのバージョン管理システムにテストを記録していないせいです。

これは単独のテストツールを使っている場合にも起こりうる問題です。テスト対象の製品が複雑であれば、どのバージョンのどのテストが、ソースコードの特定のバージョンに関連しているのか知ることはより困難になります。より複雑な組織で、異なるチームの複数の人々が同じフィーチャーの変更作業をしなければならないものの、テストがメインのバージョン管理システムに記録されていないとしたら、並列作業を阻害する要因になるのは間違いありません。

単独のテストツールの使用を強制したり、特定の仕事に最適なツールを使わせなかったりするのではなく、すべてのテストをソースコードと同じバージョン管理システムで記録するようにしましょう。

主な利点

テストとソースコードを同じバージョン管理システムで管理する場合、新しいブランチを作ったり、ブランチをマージしたりするとき、テストはソースコードに追従するようになります。そうすると、どのバージョンのテストがソースコードのどのバージョンに関連するかを決めることが簡単になり、チームはテストファーストな開発の恩恵を受けられるようになります。

複数ブランチのテストも簡単になるので、チームはより速いペースで作業することができます。本番バージョンでの修正が必要なバグが存在する場合、現在の作業でテストを変更していたとしても、テストを適切なバージョンへ簡単に戻せるようになります。また、バージョン管理システムはコンフリクトする可能性のある部分へ自動的に印を付けることができるので、ソース

コードの同じ部分を、複数のチームで並行して変更できます。それにより、構成および環境の違いをテストでは直接的に表現できます。そうすれば、チームはブランチ専用のテストを安全に自動化できるし、間違った故障（false failure）を避けられます。

　最後になりますが、テストのトレーサビリティが重要な組織では、いつ、何のために、誰がテストを変更したのかを証明することは重要なことです。それこそがバージョン管理システムの目的であり、トレーサビリティは容易にすぐ使えるものなのです。

それを機能させる方法

　たいていのテストツールは、テストを外部のファイルリソースとして読み書きできるようになっています。そのため、もしそのようなツールを使う際には、それらのリソースがメインのバージョン管理システムで管理されているか確認すればよいでしょう。なお自動的にマージすることが難しいため、できるだけバイナリ形式のデータベースは避けましょう。

　もしバイナリ形式のデータベースを使う場合、テキストファイルのインポートとエクスポートに対応しているなら、ビルドサーバーでの自動ジョブ設定として、テスト用データベースをテキストファイルを用いて同期させるようにすると、とても役立ちます。エクスポートしたテキストファイルをバージョン管理システムで簡単に管理できるのです。すべてのテストを自動化していない場合でも、少なくとも個々のバージョンのためのテストが楽になります。

　インポートもエクスポートもできないなら、データベース全体をファイルとしてバージョン管理システムに格納しましょう。そして、コンフリクトは手動で解決しましょう。とはいえ通常は、カスタムデータベースを使用するツールであっても、データベースの全内容をテキストファイルとしてエクスポートすることをサポートしていることが多く、必要に応じて異なるバージョンを手動でマージすることができます。

自動化パターンの具体例を集めたギャラリーを作ろう

　テストを書くとき、人々はしばしば重複を取り除くか可読性を高めるかを選択しなければなりません。一般的に、それぞれの処理を重複のない特定のテストコードでのみ実行するようにするよりも、テストを読みやすくすることのほうがずっと重要です。しかし、テストコードの重複は、テストスイートのメンテナンスで問題になる最も一般的な原因の１つです。

　この問題は、レガシー移行プロジェクトを実施するときは特にですが、大規模なシステムでよく生じる傾向があります。そのようなプロジェクトでは、さまざまなグループの人々が同じようなことを達成しなければならない場合が多いのですが、グループによってタスクへの取り組み方は微妙に異なる傾向があります。

それらのグループが構築した自動テストシステムでは、同じことを達成する方法が4種類から5種類になってしまう場合がよくあります。数カ月も経てば、それぞれのアプローチが相互に絡み合い始め、技術的な問題や混乱がたくさん生じることになります。

　私たちが働いていたロンドンの金融取引ファンドで体験したちょうどよい具体例を紹介します。その会社で扱っているほとんどの取引は経営管理部門の取引だったので、ほとんどのテストは外部のデータソースから取引データを受信するところから始まるようになっていました。1つ目のチームはXML形式のメッセージとして取引を入力し、2つ目のチームはJavaのサービスに対して直接取引を入力するように自動化していました。3つ目のチームはパラメーターを指定できるテンプレートファイルを読み込むようにし、4つ目のチームはデータベースに格納している取引データを複製していました。

　もちろん、それぞれのアプローチでは特定のフィールド名が少し違う名前になっていました。XML形式のメッセージでは、取引の第一通貨を PRIMARY_CURRENCY としていました。データベースのテスト自動化では、そのフィールド名は CURRENCY_1 でした。XML形式のメッセージは階層的な構造で、ドット（.）を階層の区切り文字として利用し多くの概念を表現していたため、取引相手を CTRPARTY.CODE のように表現していました。また、テンプレートファイルを使っているチームはデータ構造を階層化せず、内部識別子によって取引相手を表現できるように独自のショートカットを考案していました。

　それに加え、開発者たちはそれぞれの自動化アプローチをできるだけ汎用的な仕組みにするため、未知のフィールド名を発見しても自動化の例外エラーとして報告せず、無視するようなソースコードとしていました。そのせいで、正しい命名規則を発見するために常にテスト自動化の内容を確認しないと、正しい仕様を記述できなくなってしまいました。

間違ったフィールド名を持つ問題は、トラブルシューティングが難しいことで知られています。この場合、異なる4種の自動化アプローチは実際のところ何のメリットもなく、ただ協調性のない作業の産物だったのです。

　そこで、私たちは取引を記述するそれぞれの方法を単一のアプローチへ置き換えました。しっかりしたドキュメントと、一貫性のある推測しやすい命名規則を備えたアプローチです。そこから、それぞれのチームはより簡単に仕様を拡張できるようになりました。あるメンバーが新しい取引のフィーチャーに関する自動化のサポート機能を改善したところ、すべてのチームが即座にその恩恵を受けることができました。

　取引を入力する単一の方法を作成したことの主な成功要因は、さまざまな取引に関する参照実装となる具体例を複数提供したことでした。これらの具体例は実際に有効なテストではなく、自動化コンポーネントの使い方を説明するだけのものでした。そうすることで、具体例を簡潔に保ちながらコンポーネントの使い方の説明に集中できましたし、ドメインの複雑さに縛られないようにできました。私たちはこれら具体例を「自動化パターンのギャラリー」と呼びました。

　具体例のギャラリーは、新しく参加するチームメンバーが適切なチェックの書き方の理解を助けるドキュメントとしてだけでなく、あるフィーチャーがすでにサポートされているかどうかを誰でもすぐに検索できるデータベースとしての役割を担いました。これにより、同じことをするための10種類の方法を、将来不必要に追加することがないようにしたのです。

　複雑なシステムを扱っている場合、適切な情報を見つけることが難しいという理由だけで、さまざまな人が同じことをさまざまな方法で自動化するリスクがあります。テストの重要な側面について自動化の具体例のギャラリーを作成することを検討し、その具体例へ容易にアクセスできるようにしましょう。

 主な利点

　優れた自動化の具体例のギャラリーを使用すると、テストシナリオの作り方を簡単に見つけることができ、不要な重複を減らすことができます。このギャラリーは、自動化パターンの中心的なリソースとして機能し、ディスカッションで共通のドメインモデル言語を広めていくのに役立ちます。またこれは、共通理解を構築するのに役立ち、より多くの人々が同じソフトウェアで作業することを容易にします。

それを機能させる方法

　これらの具体例を維持するために、テスト管理ツールで完全に別の階層を作成すると便利なことがよくあります。なぜなら、これらの具体例は必ずしも有用なものをチェックするわけではなく、実際のテストで実行する必要がないためです。

　その際、一般的な具体例が検索しやすく、数回クリックするだけで見つけられるようにしましょう。具体例にすぐにアクセスできない限り、人々は自分の変更を行う前に、変更に関することがすでに実装されているかどうかをわざわざチェックすることはありません。

　最後に、適切ではないところで一貫性を強制するための言い訳として、具体例の一般的なギャラリーを使用しないでください。自動化パターンを公開したからといって、すべての仕様で必ずしもそれらを使わなければならないというわけではありません。別のアプローチで対応したほうがよいような、特定のシナリオが常にあります。読みやすさや分離性が大幅に向上する可能性があるためです。

　特に、テスト実行の仕組みを優先して、テストの目的をあいまいにするようなコンポーネントの使用は避けましょう。詳細については、【 ≡Idea 「どうやって」ではなく、「何を」テストするのか説明しよう】を参照してください。

自動化パターンの具体例を集めたギャラリーを作ろう

テストの目的から
テストの範囲を切り離そう

　業界で広く使われている複数のプロセスや流行の用語は混在して利用されがちです。そのせいで、多くのチームがテストの目的とそのテストの範囲を混同しています。結果として、必要以上に遅く、メンテナンスが難しく、必要以上に広い範囲での失敗を報告するようなテストを数多く作成しています。

　例えば、統合テストとエンドツーエンドテストは同一視されがちです。あるサービスコンポーネントがデータベースレイヤーと正しくやり取りできていることを確かめたいだけなのに、チームは専用の環境を必要とする巨大なエンドツーエンドテストを作成し、多数のコンポーネントを使用するワークフローを実行することがよくあります。しかし、そのようなテストは非常に

広範囲のテストであり、テスト自体も時間がかかります。

　そういったテストの実行時間をできるだけ短くするためには、さまざまな
シナリオの中から本当に興味のある 2 つのコンポーネントを使用するシナリ
オを選択しなければなりません。しかし、それよりも、焦点を絞ったテスト
を作成することで、コンポーネントのやり取りを詳細にチェックするほうが
より効果的でしょう。そのようなテストは、興味ある 2 つのコンポーネント
のやり取りのみを直接実行し、それ以外のものは実行しないテストになるで
しょう。

　この混同の 2 つ目の典型的な具体例として、ユニットテストと技術的な
チェックの同一視もあります。これは、ビジネス面のチェックが必要以上に
広い範囲で行われることにつながります。

　例えば、あるチームは取引税率計算のテストはユーザーインタフェースを
介して行うべきだと強く主張していました。しかし、取引税率計算の機能は
独立したコードとして実装されていました。彼らは、ユニットテストが開発
者向けの技術的なテストであり、税率計算は明らかにその範囲外だと思い込
んでいたのです。税率計算を間違えるリスクの大部分が独立の Java の関数に
あるとしたら、テストの範囲（ユニットテスト）を目的（ビジネスロジック
のテスト）から切り離せれば、ビジネス面のユニットテストがより一層役に
立つことに気づくことができたでしょう。

　テストの範囲と目的を混同する 3 つ目の具体例は、受け入れテストをサー
ビスあるいは API レイヤーで実行しなければならない、と考えることです。
ほとんどの場合、Mike Cohn が提唱したテスト自動化ピラミッドを誤解して
いることが原因です。

　Mike Cohn が 2009 年に公開した「The Forgotten Layer of the Test
Automation Pyramid」では、ユーザーインタフェーステストと、サービス
レベルのテストおよびユニットテストの区別について言及しています。これ
を Google 画像検索で「test automation pyramid」というキーワードで検
索すると、中段に「API レベルのテスト」ではなく「受け入れテスト」が配
置された図がたくさん見つかるでしょう（最上段は GUI のテスト、最下段は
ユニットテストであることに違いはないのですが）。そしていくつかのバリ

エーションでは、ワークフローテストのような階層を増やしている図もあるので、ますます全体像を混乱させています。

　また、さらに悪いことに、多くのチームがユニットテストと、別のツールを必要とする「機能テスト」と呼ばれるものを明確に区別しようとしています。これにより、チームは機能テスト用のユニットテストツールを避け、その代わりに恐ろしい怪物を導入することになります。動作が遅く、レコードアンドリプレイ方式のためのテスト設計が必要で、そもそも現代的なプログラミングツールに比べると極めて原始的な専用のスクリプト言語によって自動化される、そんなツールで「機能テスト」を行うことになるのです。

　目の前の落とし穴を避けるため、テストの目的とカバーする範囲を区別するための努力をしましょう。ちゃんと区別できていれば、どのように組み合わせるかはあなたの自由です。例えば、ビジネス面のユニットテストや技術的なエンドツーエンドのチェックを行うこともできます。

主な利点

　テストの範囲と目的を 2 次元で考えるようにすれば、チームは異なるテストのグループ間の重複を削減できます。そして、より焦点を絞った、高速な自動テストにできます。フィードバックのスピードアップに加え、そのような焦点を絞ったテストは壊れにくいため、誤警報も少なくなります。それぞれのテストの実行が高速化されれば、チームはより多くのテストをより頻繁に実行するようになります。

　技術要素のテストをユニットテスト、コンポーネントテスト、エンドツーエンドテストと分けて考えることで、チームはそういうテストをどこでどうやって自動化すればよいのかより適切に判断できます。これにより、技術要素のテストは開発者の慣れ親しんだツールで作成するようになりますし、チームは自動テストをより容易にメンテナンスできるようになります。

🔑 それを機能させる方法

　まず目的を決めてから、目的に基づくテストの形式を選択しましょう。ビジネス面のテストは、チームとビジネスドメインの専門家が潜在的な問題を議論できるような言語と形式で記述するべきです。そして、技術要素のチェックは技術要素に即したツールで記述できます。

　形式と目的が決まったら、テストの目的に応じた最小限のテストの範囲を考えます。これは、ほとんどの場合、テスト対象システムの設計に依存します。その際、ビジネス面のテストだからという理由だけで、ユーザーインタフェースを介してテストを実行することはやめましょう。もし、税率計算のすべてのリスクが独立したコード片にあるなら、何としてもそれに対するユニットテストを作成しましょう。もし、2つのコンポーネント間のやり取りがほとんどのリスクになるのなら、それらのコンポーネントだけで構成された、小さく、焦点を絞った統合テストを作成しましょう。

　ビジネス面のユニットテストを作成するために、有名な受け入れテストフレームワークツールを使うことはまったく問題ありません。より速く実行し、より焦点を絞ったテストになるからです。

　同様に、ユニットテストフレームワークとして知られるツールを、ユニットテスト以外に使用してもまったく問題ありません。ただし、テストのグループを明確に区別できており、個別に管理、実行できるようになっている場合に限ります。例えば、チームのプログラマーがすでに JUnit の使い方を知っている場合、このツールで技術面の統合テストを作成し、別のタスクとして実行することがベストでしょう。この場合、チームは既存のツールの知識を少し異なる目的で活用することができます。

　ただし、範囲が異なるテストを混ぜてはいけません。個々のグループを分離して実行できなくなってしまうからです。例えば、目的のユニットテストだけを単独で実行できるようにするために、テストを別々のライブラリへ分離しましょう。

テストの目的からテストの範囲を切り離そう

≡ Idea

厳格なカバレッジ目標を
持たないようにしよう

　多くのチームで厳密なカバレッジ目標を設定していますが、カバレッジ目標を設定したことから恩恵を受けることは極めて希少です。それどころか、チームがテストを行う際に、カバレッジ目標は、知らず知らずチームを惑わせ、混乱させてしまう目隠しとして、最悪なものとなってしまっています。

　テストは時々小休止する終わりのない活動です。客観的で計測しやすいと考えられているカバレッジ目標は、手軽な休憩ポイントになります。しかし、残念ながら、品質向上に対して特によい目安ではありません。

　テストカバレッジは負のメトリクス、つまり、何かがどれだけ優れているかではなく、どれだけ悪いかを測定するものです。そのようなメトリクスは、特定の問題のトラブルシューティングや、潜在的なトラブルの兆候を示すな

ど、診断の目的に適しています。

　本来、テストカバレッジが非常に低いことは有用な情報です。なぜなら、製品のある部分をテストできていないことを教えてくれるからです。一方で、テストカバレッジが非常に高いことは、大して有用な情報ではありません。なぜなら、どのようなテストをしているのかや何かすべきことを教えてくれるわけではないからです。したがって、メトリクスを単独で利用することはまったく生産的ではありません。実際には、目標を設定しないよりも悪いことがよくあります。

　負のメトリクスを目標にすると、その目標を悪用する人が出てくることがよくあります。例えば、私たちが一緒に仕事をしていたチームは、カバレッジ目標の達成を新しいCIOに強要されていました。彼らの開発しているソフトウェアのある程度はユニットテストでテストされていましたが、主要なインフラ関連のコードは環境に依存しており、それらにはユニットテストがありませんでした。

　結局のところ、リスクは特定のコードが間違った振る舞いをすることではなく、基盤となるインフラが外部環境の影響を受けて変化することだったのです。全社的なカバレッジ目標を達成するべく、チームはエンドツーエンドの統合テストの作成に取り掛かりました。しかし、そのようなテストは、メンテナンスがとても面倒で、作成が難しく、実行に時間がかかりすぎると、すぐに判断しました。そこで、インメモリデータベースを使い、フィードバックを遅くする外部依存を避けるという、現実の環境をシミュレートして動作するようにテストをすばやく書き直しました。これで、チームはカバレッジ目標を達成でき、テストが迅速に実行されることで多くの自信を得られました。

　しかし、その自信は偽の信頼だったのです。残念ながら、それらのテストは、サードパーティのライブラリが何の前触れもなく変更されたり、他のチームが後方互換性のないメッセージ形式の変更を導入したり、データベース構造が外部から影響を受けたり、といった重大なリスクを何一つ見つけられませんでした。

　これは取り立てて珍しい事例ではありません。何もチェックせず、ただカ

バレッジを向上させる偽のテストを作成しなければ、任意に設定されたカバレッジ目標を達成するのは不可能です。チームで管理できないサードパーティコンポーネントに主なリスクが集中している場合、特に発生しやすい問題です。

　そういう状況でテストを書いたことのある人は、メトリクスが信頼できないことを知っています。しかし、そういう状況でテストを書いたことのない人はそうではなく、実際に何かが達成されているのだと考えるのです。

　常に役立つカバレッジは単一ではないという事実により、この問題はさらに深刻になります。コード行数、ユーザーインタフェースの要素数、ワークフローのパス数、エラー条件など、ソフトウェアシステムのカバレッジを計測する方法はたくさんあります。直感的に単一のメトリクスを計測しただけでは、多くの不当な信頼をもたらすことになります。例えば、コードの99%の行が十分にテストされている、と聞くとそれはよいことのように思えますが、重要なユーザーフローの1つが完全に残りの1%に含まれているとしたらどうでしょうか。

　可能であれば、全社的に厳密なカバレッジ目標を設定することはできるだけやめましょう。その代わりに、カバレッジは、テスト活動の改善が必要な場所を示す内部診断メトリクスとして使いましょう。

主な利点

　一般的な目標ではなく、内部診断用だけにカバレッジを使っているなら、チームは十分にテストできたかを説明するより意味のあるメトリクスを見つける必要があります。これにより、チームはステークホルダーと一緒に議論でき、許容できるリスクレベルやさまざまな品質の測定値を定義できます。

　計測しやすい誤解を招く目標がなければ、チームがカバレッジのもたらす偽物の信頼に惑わされる可能性は低下します。また、思い込みによる認知の誤りもなくなるし、単一のカバレッジに注目しすぎてしまうことを避けられるはずです。

Chapter 4　厳格なカバレッジ目標を持たないようにしよう

それを機能させる方法

何より大事なのは、カバレッジメトリクスを単独で、何かしらがテストされた結果(「よい」「完全」「徹底的」など)を示す基準として使わないことです。そして、チームの外にカバレッジメトリクスを公開するのをやめてみましょう。目標設定やチーム間の比較に悪用される場合があるからです。どちらも無意味です。

どうしてもカバレッジ目標を公開しなければならないとしたら、複数のカバレッジを使うようにして、思い込みによる認知の誤りに陥ってしまうリスクを少なくとも減らしましょう。例えば、コードカバレッジ、パスカバレッジ、ユーザーアクティビティカバレッジを目標として設定しましょう。

この点については Lee Copeland の『A Practitioner's Guide to Software Test Design』(日本語訳:『はじめて学ぶソフトウェアのテスト技法』)を読めば、有益なヒントが得られるでしょう。その本の中で、彼は次のような潜在的なカバレッジについて論じています。

1. ステートメント(コード行数)

2. 判定(条件実行分岐)

3. 条件(分岐を選択する要因)

4. 条件と判定の組み合わせ

5. 複数条件の組み合わせ

6. 複数回の繰り返し実行

7. システムの利用パス

厳格なカバレッジ目標を持たないようにしよう

カバレッジ目標は他の視点と組み合わせてこそ効果を発揮するものです。実際、私たちが見てきた中でちゃんと役に立っていたのは、常に人間の知性と組み合わせている場合でした。特に、スコープの明確な探索的テストセッションと組み合わせた際に有効な傾向がありました。その場合、コード行数やフィーチャー数ではなく、主要なリスクやユーザーアクティビティ、ユーザーケイパビリティなどの横断的な関心ごとに基づいてカバレッジを計測していました。

Idea

テストの有効期間を計測しよう

　最近私たちが出会うチームの大半はテスト自動化を取り入れています。そしてほとんどの場合、テストを拡張したり追加したりすることが容易なツールを使っています。その結果、たくさんのテストをすばやく作成できるようになりました。

　しかしこれらのテストの一つ一つは、価値を保ち、最新化し、成功し続けるためのメンテナンスが必要です。時間が経つほど、所有し続けるための投資は膨大になるのですが、メンテナンスのコストやそのコストが適正であるか確認しているのは一部のチームだけでした。

　テストの有効な期間、つまり、安定期間の計測を始めましょう。具体的には、テストと、テストに関連するフィーチャーの変更量を計測するのです。

計測したデータを入力として、変更の要因や、変更に対応するため作業の必要があったのかを分析するきっかけにしましょう。例えば、分析した結果、テストが不安定だったり、断続的に失敗したり、ケアレスミスが多いことがわかったとします。その場合、そういうテストの信頼性をより高めるには、リファクタリングあるいは書き直しという何らかの投資が必要です。

　一方、テスト対象のシステムにバグを混入しやすい部分があることがわかったとします。その場合、自動テストと探索的テストの両方の増加が必要かもしれません。

🏅 主な利点

　テストの安定期間の計測データは、チームとしてのテスト戦略を検査したり適応させたりするための有用な情報源になります。テストのどこに時間を投資するのか、しないのかを判断する指針になるのです。

　テストとフィーチャーの変更の多さは、よりリスクが高く、より集中的なテストが必要なシステムの部分についての指標となります。もしビジネスに欠かせない部分なのに、頻繁に変更されるテストによってカバーされている（そして、おそらく人々はそれに気づいていない）なら、計測したデータからの知見はカバレッジを増加させなければならないことを教えてくれるでしょう訳注1。

　自動テストが失敗しても、特に詳しく分析せずすぐに修正していると、そういうシステムの弱点を十分に早く突き止めることができません（あるいは、まったく突き止められないでしょう）。

　本番環境のデータを計測、分析するより、テストのデータを計測、分析して弱点を発見するほうがよいでしょう。

　断続的に失敗するせいで頻繁にテストを修正しなければならない状況なら、おそらくテスト設計に潜在的な問題があるのでしょう。あるいは、対象システムが壊れやすいせいかもしれません。例えば、一定時間待機するので

訳注1　テストが頻繁に変更されるということは、そのテスト対象にはバグが多く、頻繁にテスト対象を変更しているため。

はなく、何らかのイベントを待機するような、自動テストを今とは違う方法で実装するべきかもしれません。

それを機能させる方法

テストの変更頻度を計測できる信頼性の高い仕組みを確立しましょう。

今までに私たちが見てきた典型的な仕組みは、それぞれのテストに対するチェックイン数を計測するものでした。そのためには、テストをバージョン管理システムで管理しなければなりません。変更数と、変更と変更の間の期間を計測し始めると、最もメンテナンスが必要なテストに気づくでしょう。

また、それぞれのテストやフィーチャーについてどれだけのバグを発見したのか計測してみましょう。テストの変更量と失敗したテストをビジネス観点のフィーチャーでグループ化し、ヒートマップを作ってみることは、1つのよいアイデアです。これは、より詳しく調査するべき領域を明らかにしてくれます。

私たちの経験則では、テストは、初期は有効な期間が短く、テストの対象であるシステム要素が進化するにつれて、かなり定期的に変化するようになる傾向があります。そのようにフィーチャーが安定してくれば、関連するテストを変更する機会も減ってくるはずです。また、対象の領域でテストが失敗する（あるいはバグが見つかる）ケースも減っていくでしょう。

テストを頻繁に変更する原因を分析すると、役に立つフィードバックが得られます。一般的に、私たちが見つけたフィードバックは次の3つです。

- システムの中で不安定な、あるいは、進化し続ける部分には、継続的に新しいフィーチャーの要求が発生している。そのため、新しい開発とおそらくかなりの量のリファクタリングが必要であることを意味する

- 数多くのバグが見つかったシステムの弱点ともいえる部分は、定期的に変更されるか、新しいフィーチャーの追加による影響を受ける設計の中心部分の可能性がある

- テストが壊れやすいためリファクタリングが必要

　最も変更の多い部分を分析し、不安定性の原因を検討し、どのように対応するのか決めましょう。テストスイートあるいはテスト対象のシステムについて、技術的な改善作業項目を提案するのもよいでしょう。チームによってはテストスイートの弱点を解消する戦略を取り入れるようです。有効期間の分析に基づいて、継続的に弱点を解消していくのです。

　時には、テスト自動化の仕組みを完全に置き換える場合もあります。何度も目にしてきた事例は、ユーザーインタフェースを介する自動化フレームワークを使わなくなることです。ユーザーインタフェースの部分は頻繁に変更されるため、壊れやすいしメンテナンスのコストも高いからです。

　成功と失敗を繰り返すテストを隔離する代わりに、計測結果を分析して弱点や失敗のパターンを指摘しましょう。そして、それらの原因に共通する自動テストを変更して、問題を解消しましょう。

三 Idea

テストコードは書くためではなく 読むために最適化しよう

　生産性への注目と創造的な営業努力の結果、テスト作成の速度は不相応に重要な役割を担うようになっているようです。テストをいかに速く書くかに注目しすぎると、その場の達成感を得られるものの、あとで余計な時間を費やすことになってしまいます。

　例えば、私たちが保険会社のチームで働いていたとき、計算エンジンの重要な部分のテストの作成を第三者であるコンサルタント会社に依頼したことがあります。経営陣は、開発者がテストを作成するコストは高すぎるし、テスターは忙しすぎると考えていました。そこで、経営陣は大量のテストをすばやく作成すると保証してくれる会社に依頼したのです。

　時間に応じた支払いにより、開発はより速く行われました。しかし、半年

後、その保険会社はテストがない状態よりもひどい状況になってしまいました。コンサルタントが提供した 1,000 ほどのテストのうち半分以上は失敗していたのです。そのため、開発者はテストが信頼できないので完全に無視していました。テスターはテストを直していましたが、開発のペースについていけず、すべての努力は時間の無駄になってしまったのです。

　この問題の本質は、第三者であるコンサルタントが人々をだますことになってしまったことではありません。一般的な商用テスト自動化ツールのほとんどは、すばやくテストを作成できることを売りにしていて、それはテストに疲れてしまった人々を助けてくれるものでした。

　それらは、テストを簡単に作成できること、テストの一部を再利用できること、テストのあれこれに関する一般的なサポートなどの多くに重点が置かれています。これは営業面では素晴らしいことですが、残念ながら長期的なテストのメンテナンスにとってよいことではありません。

　あらゆるプラットフォームでテストを簡単に作成するため、そのようなツールは汎用的なインタフェースやコントロールを求める傾向があります。このようなツールでは、人々はビジネスドメインの言葉ではなく、ユーザーインタフェースの言葉でテストを記述することになります。このトレードオフは、やりたいことが明らかな人にはテストの作成が楽になりますが、テストの目的やナレッジを伝えられないものになります。

　そのため、他の人がそのテストを理解することは容易ではなくなります。将来、テストが何かしら問題を見つけたとして、何がおかしかったのか突き止めることも難しいでしょう。そのようなテストを変更しなければならない場合、変更すべき場所をピンポイントで特定することは非常に困難です。

　皮肉なことに、そういったテストはユーザーインタフェースと密に結びついている場合が多いのです。つまり、最も頻繁に変更される部分です。700 のテストをすぐに作成できるという生産性は錯覚であり、それをメンテナンスしなければならないときに消えてしまいます。少しユーザーインタフェースを変更しただけで大量のテストが壊れてしまうし、分析が困難なため、多くの場合すべてを一から書き直すしか選択肢がありません。テストをすばやく作成するツールは、人々を忙しいままとし、本当の意味で生産的ではない

のです。

　自動テストが有益な情報を提供するタイミングは 2 つしかありません。最初に成功するようになったときと、あとで失敗するようになったときです。

　テストが成功するようになるまでは、必要な機能が実装できていないことになります。テストの初めてのグリーンバー、つまり、テストが初めて成功するということは、対象のフィーチャーが存在し、意図したように機能することを教えてくれます。成功し続けているテストは特に注意する必要もないし、何かする必要もありません。

　次に誰かがテストに基づいて実際に意思決定をするのは、テストが失敗したときです。その時点で、何かが壊れていること、ソフトウェアのどこかに予想外の影響が生じていることを教えてくれるのです。どちらの場合でも、書くことに最適化されたテストは使い物になりません。

　テストが理解しにくいなら、完全性を議論するのも難しくなります。そうすると、テストが初めて成功したときに作業が完了したのかどうか判断できなくなってしまいます。同じように、テストが理解しにくく、目的が明確に伝わらないとしたら、失敗した場合に問題をピンポイントで指摘することは極めて困難になります。

　テストは書くことよりも読むことに最適化するほうがずっとよいものになります。テストを書くことに 30 分以上かけることで、あとで何日も調査する手間が省けます。すばやく大量のテストを作成できるツールを使用しないようにしましょう。なぜなら、そうして作成されたテストはメンテナンスするのも理解するのも難しいからです。

 主な利点

　理解しやすいテストは更新やメンテナンスが簡単です。成功したときに、作業が完了したかどうか判断することがずっと簡単だからです。また、失敗したときにも、問題を診断し発見することがずっと早くなります。

　それだけでなく、テストの可読性を向上させることは、単に問題を発見するだけでなく、ずっと大きなメリットをもたらします。それは、テストがシ

ステムに関する最も正確なドキュメントになることです。チームに新しく参加したメンバーは、テストを読むことですぐにスピードアップできます。

　ステークホルダーと潜在的な変更点や改善点について議論する際にも、テストを利用できます。

🔑 それを機能させる方法

　テストに使用するフォーマット、言語、および概念を、主な読者に合わせて調整しましょう。テストがビジネスルールやビジネスプロセスに関するものであれば、そのプロセスを実行する人が理解できるように書きましょう。また、技術的なテストは、開発者がすぐに理解できるように書きましょう。ユーザーインタフェース設計者が読む必要のあるテストを記述するときだけ、ユーザーインタフェースの言語を使いましょう。

　そして、そのようにして書かれたテストを自動化できるツールを選びましょう。

　ビジネス面のテストでは、メンテナンスのしやすさと読みやすさのどちらかを妥協する必要がある場合、読みやすさを重視しましょう。テストの重複はその典型的な具体例です。

　プログラマーは重複を避けるように専ら訓練されています。そのため、1 カ所でテストを変更できるように、似たような部分を共通の部品に抽出します。ビジネス面のテストでは、それぞれのテストに関連する入力と出力を明記することで、単独でも理解しやすくなります。

　特に、技術的な自動化コンポーネントを、必要なことと似たようなことをするからといって再利用することは避けましょう。各テストを個別に記述したほうがずっと理解しやすくなります。

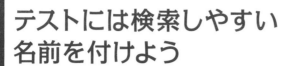

テストには検索しやすい
名前を付けよう

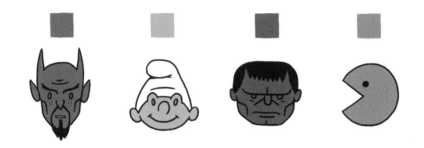

　テスト名（およびシナリオ名）が注目されることはめったにありません。テスト名はほとんどが一般的なものであり、例えば「給与受け入れテスト」や「ネガティブパスシナリオ」などのようになっています。こうしたほとんどのテストは、必要性にのみ基づき名前が付いているように見えます。その必要性とは、ファイルシステムがファイル名を必要としたり、Wiki でページごとに一意の URL を必要としたりするためです。

　しかし一般的なテスト名を使用すると、機能変更に対応する既存テストの特定が非常に困難になります。これにより、大規模システムのメンテナンスコストが大幅に増加します。例えば、支払いに複数通貨のサポートを追加する作業を行っていて、支払いモジュールに 100 個の一般的な名前のテストが

ある場合、新しいフィーチャーのために既存のどのテストを変更しなければならないか理解する時間を費やす人はほとんどいません。既存のテストを考慮せず、別の新たなテストを追加する可能性がずっと高くなります。

　これにより多くの重複が発生し、識別と管理が困難になり、将来のテストのメンテナンスコストが増加します。そして、変更ごとに新しいテストを追加するという悪循環となります。それは、既存のテストが何をカバーしているかを理解することがさらに難しくなるためであり、問題は時間の経過とともに大きくなります。

　大規模なテストスイートでは、一般的な名前はテストを見つけるためのガイドとして役に立ちません。あるフィーチャーに関連するテストを見つける簡単な方法がないため、テスターと開発者は潜在的な変更を理解するために個々のシナリオを読まなければなりません。このプロセスは時間がかかり、エラーが発生しやすくなります。

　同様に、テストが失敗するとき、テストシナリオまたはフィーチャーの名前は、チームがテストランナーから取得する最初の情報です。そこでも、一般的な名前は誤解を招く可能性があります。失敗が予期しない影響か、予想どおりの変更か、故障かを判断するために、開発者はテストを特定し内容を理解する必要があるのです。

　よいテスト名は具体的であり、テストやシナリオの目的をピンポイントに示します。テスト名は、すばやく発見するためのキーワードと考えておきましょう。例えば、テストがオンラインドキュメントであり、検索エンジンを使用してそのテストを探していると想像してください。そして、その際にあなたが検索に使用するキーワードを集めて、タイトルに変換しましょう。あなたが知っている検索エンジンでの検索のコツをすべて応用して、よい名前を作成してみましょう。

　その際、一般的な言葉や幅広い表現は避けましょう。そして、目的に関係のないすべての単語を削除しましょう。

　例えば、「給与のシンプルな受け入れテスト」というテスト名では、「のシンプルな受け入れテスト」は完全に一般的であり、ほとんどすべてに適用できます。重要なのは「給与」だけですが、「給与」はおそらく何百ものテスト

が関連付けられたモジュールで処理されると考えられるため、テスト名から
は何もわかりません。「給与の実支払い額の計算」や「給与の税控除」のよう
な、より具体的な名前はより多くのことを伝えます。

主な利点

　よい名前はテストやシナリオのより大きなまとまりを管理するために重要
です。なぜなら、それにより、チームが特定のフィーチャーに関連するすべ
てのテストやシナリオをすばやく識別できるようになるからです。ビジネス
アナリストは、関連するすべてのテストを発見し、それらを影響分析の開始
点として使用できます。テスターは、似たフィーチャーのチェックを設計す
るときに、興味深い領域とエッジケースを特定できます。

　開発者は、新しいコードが既存フィーチャーの故障を生まないかすばやく
確認するために、回帰テストとして実行するテストのサブセットを特定でき
ます。

　失敗したテストにその具体的な目的を説明する名前が付いている場合、開
発者はその内容を見なくても何がうまくいかなかったかを理解できるかもし
れません。これにより、多数のテストを伴う複雑なシステムのトラブルシュー
ティングと修正を大幅にスピードアップできます。

　具体的な名前は、テストがやりすぎであるかどうかを見極め、肥大化の回
避に役立ちます。これらは、テストシナリオを拡張すべきかどうか、または
新しい機能のためにまったく異なるシナリオを追加すべきかどうかを判断す
ることにも役立ちます。これにより、時間の経過に伴うテストスイートの重
複や制御不能な増大を回避できます。

それを機能させる方法

　テストに名前を付けるための優れたヒューリスティックは、テストスイー
トを介した階層的なナビゲーションを想像して、次に特定のテストにつなが
るモジュールのすべての名前を収集することです。

そのテストを特定にする、または同じグループ内の他のテストと異なるものにするものを、その名前に追加しましょう。例えば、給与の実支払い額の計算を記述したテストには、「給与−計算−実支払い額−正社員」および「給与−計算−実支払い額−パートタイム従業員」という名前を付けることができます。ほとんどのテスト管理ツールでは、テストとスイートを階層にグループ化できるため、この種の命名は優れた階層構造の基礎になります。

　また、テスト名に接続詞（and、or、not）を使用しないでください。接続詞は、テストが多くのことをやりすぎているか、焦点が合っていないことを示しています。ロンドンで開催された XPDay 2009 カンファレンスで、Mark Striebeck は、Google でのテストの分析について話しました（詳細は「Improving Testing Practices at Google」を参照してください）。その分析では、テストが失敗したときに何が起こったかに基づいて、テストがよいかどうかを評価しました。評価方法は、もし、テストが失敗したあとに、サービスのコードを変更または追加した場合、テストはよいと判定しました。そして、テストを成功させるためにテストを変更した場合、テストは悪いと判定しました。

　この分析の結果、テスト名に接続詞を持つテストは、テストを成功させるためにテストを変更したカテゴリでの明確なパターンの 1 つでした。接続詞は、単一のテストが複数のことをチェックしていることを示唆しています。そしてその場合、テストがよりもろく、メンテナンスが困難になります。

　このようなテストを再構築する方法については、【≡Idea 1 つのテストでは 1 つの関心ごとを扱おう】を参照してください。

導入部でテストの目的を説明しよう

　コンテキストの欠如は、大規模なテストスイートでのメンテナンスに関する主要な問題の根本原因の1つです。コンピュータは、なぜそのテストを実行する必要があるのかを知らなくてもテストを実行できますし、テスト仕様によって提供されるデータを設定できます。しかし、適切なコンテキストがなければ、人間が将来テストデータを変更することは不可能です。

　誰かがテストを作成するとき、この問題は発覚しません。なぜなら、テストで用いるテストデータを評価して理解するために十分なコンテキストを、テスト作成する人は頭の中に持っているからです。しかし、数カ月後、その理解は失われます。

　テストの作成時にはコンテキスト情報はあまり必要ないため、テストに説

明する適切な情報が含まれることはめったにありません。自動化ツールに
ヘッダーテキストが必要な場合でも、人々はこれについて十分に考えていな
いことがよくあります。

　人々はコンテキストを広範に指定しすぎて、サブシステム全体またはコン
ポーネントについて記述しがちです。また、しばしばユーザーストーリーの
形式がありますが、コンテキストの記述は標準化されたテンプレートに強制
されることが多くあります。

　しかし、これはコンテキストが広すぎて、不完全であったり誤解を招いた
りすることが多いです。私たちが最近一緒に仕事をしたチームの1つは、す
べての Cucumber でのテスト仕様において、「管理者として、システムを管
理したいので、〜のフィーチャーが欲しい」という文で始めていました。そ
の文の1番目と2番目の部分は一般的であり、すべてのテストで現れ、特定
のテストを理解するためにまったく役立ちません。また3番目の部分では、
そのテストに関連する技術的フィーチャーを挙げているだけで、これはファ
イル名からも推測できます。

　各ファイルにはコンテキストとして何かが書かれていましたが、それは完
全に時間の無駄でした。さらに悪いことに、将来的にテストを理解しやすく
するための機会を無駄にしてしまったのです。

　テストでのコンテキストのもう1つの一般的な誤用は、テスト実行のメカ
ニズムを説明することです。自動テストの場合、これはかなり時間の無駄で
す。テストの実行方法の正しい定義は自動化レイヤーにあります。そして、シ
ステムが進化するにつれて、テキストによる説明は古くなる可能性がありま
す。

　これらすべての結果として、テストの目的の説明が、テストの作成時に存
在していなかった人にほとんどできないのです。時間が経つほど、その後の
問題は大きくなります。

　コンテキストをさっとスキップするのではなく、特定の具体例群を選択し
た理由と、この特定のテストが実際に重要である理由を説明してみましょう。
つまりコンテキストの中で「なぜ？」という質問に答え、テストの残りの部
分で「何」と「どのように」を扱ってみましょう。

将来の情報のボトルネックを回避するためには、よいコンテキストが不可欠です。

コンテキストがなければ、実際にテストを作成した人だけが、システムの変更に応じて何を変更する必要があるかを知っていることとなります。そして、その人は長期間、その場にいない可能性があります。

一方、テストの最初の部分に、なぜそのテストが作成されたのかを説明するコンテキスト情報があれば、後日、テストがまだ必要かどうかを誰でも評価できるようになります。また、いくつかの値を変更する必要がある場合に話すべき適切な人を特定し、システム拡張時に潜在的な機能のギャップや矛盾を見つけることができるようになります。すべての同僚が完全な記憶を持っていない限り、この情報のすべては、特定のテストを書いた人にも役立ちます。

テストの目的と特定の具体例が選択された理由を説明するコンテキスト情報により、チームは外部のステークホルダーとテストについてより効果的に話し合うことができます。そのような人々は、テスト作成に参加することはめったになく、目的に基づいたコンテキストがなければ、完全性についてのよいフィードバックを提供することはできません。

それを機能させる方法

コンテキストで説明する必要があるものを見つける簡単な方法は、新しい人にテストを見せて、それを説明しようとすることです。

ただし、その人は「完全にドメイン外の人」ではいけません。あなたのテストの対象者ではないので、通りにいるランダムな通行人に見せるようなことはしないでください。よいテスト対象者は、あなたと同じ会社で働いているが、あなたのチームでは働いていない人です。

その人は、適度な量のドメインの専門知識を持ち、あなたが話していることを広く知っていますが、テストの設計プロセスには参加していないはずで

導入部でテストの目的を説明しよう

す。この人は、新しい同僚、または 6 カ月後にテストを読んでいるチームの他の誰かをシミュレーションしています。その人に対して、あなたがテストをどのように説明しているかに注意を払いましょう。

　そして、あなたが言うほとんどすべてのことをコンテキストに取り入れるべきです。これにより、あなたがいなくてもドキュメントを理解できるようになります。そうでなければ、あなたは将来、異なる人々と同じプロセスを何度も繰り返す必要があります。

　別のアプローチは、誰かにテストを見せて黙っており、読者に質問をさせることです。彼らの質問への答えは、コンテキストのよい出発点です。

　テストの本体によってすでに提供されているデータまたは情報を繰り返すことは避けましょう。代わりに、これらの特定の具体例を選択した理由、またはテストを指定する特定の方法を説明しましょう。

　また、1 文のテンプレートも避けましょう。それらは一般的すぎて役立ちません。特に、説明をユーザーストーリーの形式に強制しようとしないでください。テストは作業項目の階層に沿って構成されるべきではないため、ほとんど機能しなくなります（詳細については、【 Idea テストを作業項目に沿ってグループ化したり構成したりすることは避けよう】参照してください）。

主要な具体例のテストと
付加的なテストは分離しよう

　数年前、ゲーム会社で仕事をしていたときのことです。そこでは、さまざまな種類の顧客アカウントを使用していました。1つは、古いコールセンターシステムから移行したレガシーなアカウントでした。2つ目は、新しいWebサイトで直接登録した人々のアカウントでした。3つ目は、サードパーティから登録された人々のアカウントでした。

　要求について議論したときは、ビジネスの担当者たちは基本的に1種類の顧客アカウントのことだけを話していました。彼らには、すべてが同じ種類に見えていたのです。しかし、顧客アカウントの種類ごとに、情報を別々のデータベーステーブルに記録するようになっていました。

　そして、それらアカウントはそれぞれ似ているものの、少しずつ異なるデー

タ構造でした。レガシーアカウントを使っているとき、テスターはデータ構
造の違いに起因する問題をしょっちゅう発見していました。

技術的なモデルとビジネス的なモデルが整合していない場合、ビジネスで
の主要な具体例がすべてのリスク要因を取り扱えていない可能性がありま
す。技術的なモデルに、ビジネス的なモデルには存在しないエッジケースや
境界条件があるかもしれません。これはテストの問題ではなく、モデリング
の問題であることは明らかです。

しかし、そういうときにほとんどできることがない場合もあります。レガ
シーシステムにおいて、そのようなモデルを新たな要求に合わせて変更する
ことは、極めて複雑でコストも高くつきます。開発者は新たな要求に対する
共通理解が 10 個くらいの主要な具体例でできるかもしれませんが、当然な
がらテスターはより多くのエッジケースを心配するでしょう。

モデルを簡単に変更できないとき、チームはしばしばすべてのテストのア
イデアを管理するのに苦労します。主要な具体例と付加的な技術要素のテス
トを一緒にするのは、ドキュメントの理解が難しく、メンテナンスが難しく
なるリスクがあります。主要な具体例をチェックする必要があるたびに、付
加的な具体例をチェックするため、フィーチャーに関する重要なフィード
バックも遅くなってしまいます。

しかし、主要な具体例と付加的な技術要素のテストが別のグループに分か
れていると、ソフトウェアの変更を確認するために必要なすべての具体例を
特定できているかを判断することが難しくなってしまいますし、不要な重複
作業をしてしまいます。

こういう状況を解決するよい方法は、付加的な具体例のための別のドキュ
メントを作成し、2 つのテストの仕様を相互参照させるようにして、同じ自
動化の仕組みを利用することです。そうすれば、テスターは、主要な具体例
のために開発した自動化の仕掛けやフィクスチャを再利用して、より多くの
テストをすばやく追加できます。また、もし明らかな違いを発見できたなら、
それらのケースは将来的に主要な具体例になるはずです。

　同じテスト自動化の仕組みを再利用する別々のテスト仕様書を持つことで、チームは探索的テストを支援できるようになり、大量の付加的なシナリオをすぐに試せるようになって、必要に応じて回帰テストスイートとして付加的なシナリオを管理できるようになります。同時に、主要な具体例が別のドキュメントになっていれば、チーム内の共通理解を深めるために利用できますし、ステークホルダーからフィードバックをもらうこともできます。

　主要な具体例による仕様は、重要なフィードバックをすばやくもらうために利用できます。例えば、開発者は変更をバージョン管理システムへ登録する前に、主要な具体例のテストが成功することを確認できます。そして、付加的な具体例のテストは、CI サーバーを使ってあとで確認できます。

　具体例を分割すると、チームは継続的なビルドのためのパイプラインを作れ、付加的な技術要素の具体例のテストが数百個あるとしても、故障に関するフィードバックをすぐに受け取れます。

　一般的なパイプライン構成としては、主要な具体例のテストだけを先行するジョブを継続的なビルドで実行し、先行するジョブが成功した場合にのみ後続の具体例のテストを実行するものです。もっと複雑な構成では、フィードバック速度を最適化するため、付加的な具体例をさらに分割して別々のジョブにできます。例えば、ほとんど変更しない領域の具体例のテストは、ソースコードを変更するたびに実行するのではなく、夜間に実行するといった具合です。

　ドキュメントを分割するとテストのメンテナンスコストを下げることができます。モデルが変更され、その結果テストが壊れた場合、一般的には主要な具体例だけを修正し、付加的な具体例は捨てることが賢明でしょう。モデルが変更され、カバーすべきリスクのセットがまったく異なるため、付加的な具体例を残しておくことはあまり意味がありません。

🔑 それを機能させる方法

FitNesse のような Web ベースのシステムでは、私たちは付加的な具体例を、基本的にまったく別の階層として作成します。通常、付加的な具体例に対する相互参照は、主要な Web ページのフッターに「より詳しい技術要素のチェックについては○○を参照」のような文章を書いておきます。こうすることで、主要なドキュメントは短く、読みやすくなります。別の階層にすることで、システムの振る舞いを理解しようとするときに、意図せず、技術要素に関する情報を読み進めてしまうことを防いでいます。

Cucumber のようにファイルベースのツールでは、相互参照はかなり困難です。私たちは、技術要素とビジネス要素の具体例を、できるだけ同じファイルに含めるようにしています。ただし、主要な具体例は先頭にくるようにして、付加的なシナリオと明確に区別できるようにします。読み手は、どうやら技術要素の説明にさしかかったようだと気づいたら、そこで読むのをやめればよいのです。

付加的なシナリオや具体例を表すタグを使うのもよいでしょう。すばやくフィードバックを得るときは、タグのないシナリオだけを実行したり、継続的なビルドツールで付加的なシナリオを後続ジョブとして実行したりすればよいからです。

定期的に問題を発生させて それを見つけられるかどうか 試そう

　技術的なコードカバレッジを計測するのは簡単ですが、実際にはコードカバレッジがテストの有効性について説明しているわけではありません。

　リスクカバレッジは、理論的には有効性をより適切に計測できますが、計測がより困難なことも事実です。対象となるやり取りやコンポーネントが複雑化するにつれて、重要なリスクカバレッジを議論することは難しくなっていきます。さまざまな部分がテストの結果に影響し、ゆがめてしまうからです。

　さらに、リスクカバレッジの計測は、重要なリスクに対するチェックリストや何らかの理論的な推測に基づき計測される場合が多いため、実際の状況と一致するかどうかはわかりません。

よいテストは、予期せぬ影響を警告するべきですし、機能的な回帰バグを予防するべきです。そのような目的のために行うチェックの方法として最もよいのは、実際に問題を発生させて、テストがそれを見つけられるかどうか試してみることです。

Netflix はネットワークのレジリエンスをテストするためにそのようなアプローチを取っていることで広く知られています。彼らは本番環境で、その名も「Chaos Monkey」と呼ばれるサービスを動かしています。Chaos Monkey はランダムに仮想マシンを停止して、一般的なネットワーク故障を疑似的に発生させることで、実際に同じような障害が発生してもシステムが耐えられることを確認しています。

同じアプローチを用いることで、私たちもテストシステムがより広範囲のビジネスリスクをカバーするようにできますし、誰も気づかないうちにソフトウェアへ埋め込まれた予期せぬバグや悪影響の可能性を軽減できます。ソフトウェアの重要な部分を見つけ、それらを壊し、テストを実行してみましょう。もしテストが失敗したら、その部分はテストで十分にカバーされています。もし何も起きなければ、もっとテストを作成するときなのです。

ソフトウェアに変更を加えてテスト結果を測定する自動テストツールは数多くあり、それらはしばしばミューテーションテストツールというカテゴリにくくられています。しかし、この考え方を、ミューテーションテストツールを適用するための単なるアドバイスとして受け取らないでください。このようなツールは、技術的なコード解析に基づいて技術的な変更を導入するので、その影響はほとんど技術的なものです。

変異の生成とテストにかかる労力は、しばしば技術的な複雑さと直接相関しています。そのため、リスクの低い複雑なコンポーネントは、重要度は高いものの非常に単純なモジュールより、多くの注意を必要とするかもしれません。技術的な観点を変異の第一要素として使用する代わりに、リスクモデルから独自の変異を考えて手動で作成してみましょう。

主な利点

　定期的に Chaos Monkey を動かすことで、チームは安全な環境で人工的な障害を引き起こすことができます。同時に、障害対応をする必要なくチームのプロセスを改善できます。

　例えば、数年前にある e コマースシステムで働いていた頃、送料計算機能に対して Chaos Monkey を動かしてみたところ、テストの失敗なくとても簡単に壊せることがわかりました。送料計算機能は頻繁には変更されませんでしたが、年に 1、2 回は機能強化されており、それはいつも面倒な作業でした。

　チームはその周辺でいくつかのテストを行いましたが、問題がほとんど見つからないことに誰もが驚きました。そしてこれにより、計算コンポーネントのテストをどう変えていくか、とがめられることなく事後検証ができました。

　また、より多くの人が送料ルールのテストや本番環境で障害が発生した場合の解決に関与できるように、チーム全体へドメインの知識を普及することに多くの努力をする必要があることも明らかになりました。

　変異を手動で決定することで、最も少ない変異で最も多くのリスクをカバーするために批判的思考と深いドメイン知識を適用でき、技術的な変更だけでなくビジネスリスクに焦点を当てることができます。困難でリスクの高い変異を試すことでバグ防止能力に対する信頼性が高まり、また、チームは重要なテストシナリオの欠落を発見することもできます。これらの発見は、同じ領域をさらに調査するための探索的テストセッションに役立ちます。

定期的に問題を発生させてそれを見つけられるかどうか試そう

それを機能させる方法

Chaos Monkey でのテストセッションは、より大規模でクロスファンクショナルなグループの参加を必要とする、探索的テストの一種であると考えてください。最良の結果を得るためには、このようなセッションを定期的に開催し、タイムボックスを設け、探索すべき主要なリスクのリストに合意しましょう。

テスト計画のために ACC マトリクスを使用しているチームは、その ACC マトリクスを Chaos Monkey でのテストセッションに再利用できます。これには、問題を捕らえるべき理想的なテストセットを即座に特定できるという利点もあり、フィードバックを迅速に行うことができます。

Chaos Monkey のアプローチは、自動テストと手動の探索的テストの両方を改善できます。

自動テストを改善するために使用する場合、一度に 1 つの問題に集中させ、関連するすべての自動テストを再実行するほうが簡単です。これにより、開発者とテスターのペアで、潜在的な自動テストの問題をすばやく繰り返し改善していくことができます。

探索的テストを改善するために使用する場合は、いくつかの問題を導入し、システムのテストバージョンをデプロイします。そして、多くの場合、複数のグループに並行して探索させ、同じ障害を探させるほうがよい結果を得られます。

探索的テストセッション後にチーム全体で報告会を行う際に、誰が何を捕まえたかを比較し、アプローチの違いについて議論しましょう。これにより、グループ全体で探索的テストのやり方を改善できます。

Chapter

5

日本語版追記アイデア

すべての自動テストは CI/CD パイプラインからも 実行しよう

一般的に CI/CD パイプラインは何度も実行されるため、極力短時間となるように改善がされていきます。その中で、実行時間の長い自動テストは別に実行されることが多くあります。特に、エンドツーエンドでの自動テストは実行時間が長いうえに、テスト環境のセットアップに時間がかかることが多いため、CI/CD パイプラインとは別に実行されがちです。

自動テストが CI/CD パイプラインとは別に実行する仕組みになっていると、自動テストを実行させる必要があることを開発チーム全員が知らなければならなかったり、自動テストで変更を確認することを忘れたりすることがあります。このような状況では、自動テストによる確認がないまま、変更をリリースすることが発生してしまいます。これでは自動テストが存在する意味がありません。

また、別に実行する場合、サービスの変更に合わせた自動テストの変更が忘れられがちです。リリース後に自動テストの変更の必要性を把握した場合、自動テストは「あとで直す」と聞くことが多くあります。しかし、多くの場合、継続的に行うソフトウェア開発において「あとで直す」と言ったことに対し、その機会が訪れることはありません。「あとで直す」が積み重なると、動かない自動テストもしくは動いたとしても結果に信用がおけない自動テストが増え、最終的には自動テストが役に立たないものになっていきます。

主な利点

　実行時間の長いテストを含め、すべての自動テストは CI/CD パイプライン
からも実行するようにしましょう。これにより自動テストの実行し忘れを防止
することができ、自動テストによる変更の確認を常に行えるようになります。

　また、自動テストを実行することで、変更を忘れた自動テストは失敗するた
め、変更の必要性が明確になります。そこで、CI/CD パイプラインで自動テス
トも実行し、サービスの変更とあわせて自動テストを変更する必要があること
を開発者へ知らせ、自動テストの変更を忘れずに行うことが可能になります。

それを機能させる方法

　まずは CI/CD パイプラインから操作可能な、自動テストを実行するテスト
実行環境とテスト対象となるテスト環境を用意しましょう。ユニットテスト
ではテスト実行環境とテスト環境が同一であり、現在の CI/CD ツールにおい
ては用意が簡単になっています。多くの場合、用意の方法が例示されていま
すので、それらを参考に設定しましょう。もしエンドツーエンドテストで利
用するようなテスト対象としてシステム環境構築が必要な場合は、定常的な
テスト環境を用意したり、コンテナサービスを利用したテスト環境を用意し
たりして、CI/CD パイプラインから利用できるようにしましょう。また、自
動テストを実行するテスト実行環境も同様に用意しましょう。

　その次に、CI/CD パイプラインから自動テストを自動実行するように設定
しましょう。ユニットテストでは、環境用意とあわせて行うことが多いはず
です。エンドツーエンドの自動テストなど、テスト対象ごとに異なるもので
は、CI/CD パイプライン中から、テスト実行環境の API でスクリプト実行を
できるように設定しましょう。

なお、実行時間の長い自動テストは、自動テストの開発や修正など、本アイデア以外の側面からも実行時間を短くすることが期待されます。そこで、自動テストの実行時間を短くするために、以下のアイデアなどで、実行時間を短くさせましょう。

- 並列実行できるものは並列実行させる
- 環境セットアップの高速化にコストを払う
- 環境を自動テストが必要なものに合わせて、必要な部分のみセットアップする

リリースしなくとも、テスト環境へのデプロイと、自動テストでの確認を頻繁に行おう

　多くの人や複数チームが1つのソフトウェアを開発していると、ある変更により想定していない影響が現れることがあります。そしてそれにより多くのバグが発生します。

　このような問題が発生しないように、一般的にはアーキテクチャを工夫したり、事前の影響範囲調査を丁寧に行ったりします。しかし、ソフトウェアが大きくなればなるほど、このような問題が発生しないようにすることが困難になります。

　この問題の難しさは、あくまで「想定していない影響」という点です。「想定していない影響」なので、開発中に開発者が気づくことはありませんし、把握することは困難です。また、「想定していない影響」のため、手動テストで確認することも少なく、多くの場合、自動テストで発見するほかありません。

　一般的に、このようなバグは発見が遅くなればなるほど、原因を探す範囲や影響範囲が広くなり、修正が困難になります。そこで、「想定していない影響」をいち早く発見するために、自動テストを頻繁に実行することをおすすめします。開発者が必要だとは思っていない開発中の状態であったり、まだリリースできる状態でなかったりしても、テスト環境へのデプロイとそれの自動テストでの確認を頻繁に行いましょう。

　開発のなるべく早い段階から、テスト対象をテスト環境へデプロイし、すべての自動テストを実行していくことで「想定していない影響」を早期に発見することができます。そして、この「想定していない影響」の早期発見はその修正を容易にします。

　自動テストで発見されるバグは、新しいバグというより「そこに影響があるとは思っていなかった」というような、設計や仕様の認識のズレが原因であることがほとんどです。その点からも、自動テストを頻繁に実行することで、そのような認識のズレを早期にかつ容易に発見できます。

それを機能させる方法

　このアイデアを手動で実現することは困難です。そこで、まずは、CI/CDツールを用いて、開発中のブランチやソースコードが変更されたら、テスト環境へ自動でデプロイするようにしましょう。テスト環境が常に存在しない場合には、自動テスト実行用のテスト環境も自動でセットアップできるようにしましょう。その後、CI/CD パイプラインからすべての自動テストを実行しましょう。

　また、このアイデアは自動テストを実行した結果、失敗したテストを開発者が早期に気づけることが重要です。そこで、自動テストの実行結果のうち、失敗した結果を開発者の目にとまるところへ出力しましょう。

　ただし、開発中のシステムであるため、失敗が見込まれる自動テストも存在します。そのため、失敗した結果を出力する際には、そのケースで行っているテストが何であるのかを端的に示す情報もあわせて出力しましょう。その際は、内容がわかりやすい、テストシナリオ名やテストファイル名などを出力することをおすすめします。テストシナリオ名やテストファイル名としては、【 Idea テストには検索しやすい名前を付けよう】を参照してください。

自動テストの実行結果を
継続的に収集・可視化しよう

失敗が頻繁に発生する自動テストは、自動テストで確認している部分のソフトウェアもしくはそこのソフトウェア開発、または自動テストそのものに問題があると考えられます。

高品質なソフトウェアを効率よく提供するには、それらを改善する必要があります。また、1つの自動テストを膨大な回数実行しても常に成功するのであれば、その自動テストでの確認は意味がないことも考えられます。もしかしたら、他の自動テストを行うほうがよいかもしれません。

これらのことを判断するためには、複数回の自動テストの実行結果を見て判断することが必要になります。しかし、自動テストの数が多い場合、一つ一つの自動テストの結果を覚えることは困難です。そこで、自動テストの実行結果を継続的に収集し、それを可視化しましょう。

主な利点

自動テストの1回ごとの実行結果は言うまでもなく大切です。そのうえで、【≡Idea テストの有効期間を計測しよう】でも紹介されているように、その自動テストの実行結果を保存し、結果の継続的な変化を見られるようにしましょう。

自動テストは正しくソフトウェアの変化に追従できているにもかかわらず、自動テストが高頻度で失敗している場合には、自動テストで確認している部分のソフトウェアもしくはそこのソフトウェア開発に問題があると考え

られます。また、ソフトウェアは正しいものの、自動テストがソフトウェアの変化に追従できておらず、自動テストが高頻度で失敗している場合には、自動テストの変更を行うためのコミュニケーションや自動テストを変更する習慣の欠如が考えられます。

　ソフトウェアは正しく、自動テストも正しいにもかかわらず、自動テストの結果が高頻度で失敗している場合には、自動テスト内で非同期処理や時間処理など実行状況に結果が影響を受けると判断できます。これらは、数多くの自動テストが実行されている中、自動テストの1回ごとの実行結果を見るだけでは判断することができません。自動テストの一定期間の結果の変化を把握することで初めて判断できます。

　自動テストをどこかで意図的に減らさない限り、自動テストの実行時間が延び続けます。大規模なテストスイートになれば、自動テストの実行時間も開発の大きなボトルネックになり得ます。そこで、不要な自動テストを判断し、それらを削除する必要があります。

　その際、要／不要の判断基準の1つとして、自動テストが常に成功し続けるか、が考えられます。常に成功するのであれば、その部分はもはや確認しなくてよいのかもしれません。この判断も、自動テストの一定期間の結果の変化を把握することで初めて行うことができます。

　訳者が一緒に働いたチームでは、日々実行される自動テストの実行結果を収集し、週に1回確認していました。成功率が8割を下回ったり急激に成功率が低下したりしている自動エンドツーエンドテストがあれば、上記のような問題がないかを確認し、自動テストの改善を行っていました。

　これに加えて、年に1回か2回、自動テストの棚卸しをしていました。年間を通じて成功し続けた自動テストを確認して、その自動テストの必要性を議論し、不要なら自動テストの実行時間改善のため、削除するなどしていました。

自動テストの実行結果を継続的に収集・可視化しよう

それを機能させる方法

　自動テストの実行結果を保存し、結果の継続的な変化を見られるようにしましょう。自動テストごとに結果が存在する場合にはそのままの結果を、まとめて実行している場合には実行の有無と失敗した自動テストといった結果を、データ分析基盤などに保存して、必要なときに集計や抽出ができるようにしましょう。

　データ分析基盤などがない場合には、単純に個々の自動テストの結果のログを作るだけでもよいです。そのログをスプレッドシートに転記することで、継続的な変化を簡単に可視化できます。また、それらの結果を定期的に集計し、成功率の値や成功と失敗のグラフを作成してください。

　これらの結果は習慣化されるまでは意図的に見る情報とはなりません。そこで、週に1回、チャットツールに成功率の値やグラフを出力したり、定例ミーティングでグラフを確認したりすることで、これらの情報を見続け、判断を行えるようにしていきましょう。

自動テストは頻繁に実行し、割れ窓はすぐ塞ごう

【≡Idea すべての自動テストは CI/CD パイプラインからも実行しよう】でも書いたように、実行時間の長い自動テストは、「リリース前だけに実行される」というように、実行の機会が少なくなりがちです。特に、エンドツーエンドでの自動テストは実行時間が長いうえに、テスト環境のセットアップに時間がかかることが多いため、リリース直前のみで実行されることが多くあります。

自動テストが大規模になると、このようなテストも増えていきます。こうなると、自動テストの実行時間がかかるため、それらの実行機会はさらに減っていきます。このような状況で自動テストを利用した際には、失敗する自動テストが増え、その修正は後回しにされがちです。なぜなら、自動テストが大規模になると、テスト対象の変更に合わせた自動テストの修正箇所が多く、加えて、実行機会が少ないと「あとで直す」とされ、最終的には修正されないためです。

このような、失敗する自動テスト、言い換えると割れ窓の発生した自動テストは、修正作業量が多いだけでなく、修正のための精神的なハードルが高く、より一層修正されなくなります。すなわち、割れ窓がどんどん広がっていくわけです。こうなってしまうと、最終的には自動テストは役に立たず、使われなくなります。

主な利点

割れ窓が大きくならないように、自動テストを頻繁に実行し、問題を発見

したらすぐ修正しましょう。頻繁に実行することで、テスト対象の変更に合わせた自動テストの修正箇所を早期に発見でき、かつその修正箇所が少ない状態で発見することが可能です。また、自動テストの修正を必要とするテスト対象の変更の特定を容易にし、自動テストの修正時の確認範囲を極小化できるため、自動テストの修正コストを下げ、かつ修正を確実に行うことができるようになります。

これを続けることで、修正コストを常に小さいままにでき、修正のための精神的なハードルを低くすることができるため、自動テストを常に正しい状態で維持しやすくなります。

また、このような習慣を付けることで、自動テストの正しい状態が維持されるため、自動テストでソフトウェアを確認した際の結果に対して、信頼がおけるようになります。

🔑 それを機能させる方法

自動テストを CI/CD の中だけでなく、それ以外のタイミング、例えば定期的に実行させましょう。自動テストを実行するたびに何か手動による作業が必要であれば、まずその作業を自動化しましょう。そして、現在の CI ツールや自動テストを実行するジョブスケジューラー、cron などを使えば定時実行を容易に行えるので、それらを利用して、頻繁な実行を実現しましょう。

そのうえで、自動テストを実行した結果、自動テストの修正箇所を発見したら、すぐ直しましょう。

リリースや何か作業があると、自動テストの実行結果の確認や修正作業を後回しにしがちです。

そこで、自動テストの実行と実行結果の確認、修正作業を定期的に行うよう、自分たちでルールを設定することをおすすめします。

訳者が一緒に働いたチームでは、始業前に自動テストを実行し、始業時にチームで自動テストの結果を確認していました。失敗した自動テストがあれば、その日の最初の仕事として、失敗した自動テストの調査および修正を行うようにしていました。

リスクは皆で考えよう

　新規に追加するフィーチャーや既存フィーチャーの変更には、数多くのリスクが存在します。リスクはビジネス面と技術面の両方で存在します。

　例えば、新たな決済処理方式の提供を行う際には、その決済処理での取引不履行や法的対応などのビジネス面のリスクがあります。また、データの消失や想定を超えたリクエストの発生などの技術面のリスクもあります。それだけでなく、新たな決済処理方法の提供により、既存のフィーチャーへの影響もあるかもしれません。

　このように、反復的にフィーチャーを変化させていくソフトウェア開発では、数多くのリスクを絶えず考慮する必要があります。

　そして、考慮したリスクにもいろいろな対応方法が存在します。「発生しないように根本対応するもの」や、「あらかじめ対応方法を事前に決めておき、発生次第対応するもの」「発生次第対応方法から考えるもの」「対応しないもの」などさまざまです。

　このような数多くのリスクとその対応方法を、開発者だけやビジネスのステークホルダーだけで把握、決定することは不可能です。また、すべての開発で使えるリスク一覧を作ることは不可能ですし、仮に作ったとしても長大なチェックリストとなってしまい実用になりません。

　多くの開発では、チームの各自が想像するリスクやその対応方法をケースバイケースで考えつつ、【≡Idea 横断的関心ごとに対応するリスクをチェックリストとして使おう】で見たように、いくつかの横断的関心ごとについてはリストでチェックされています。しかし、これらの方法では、各自の中で解決してしまったり、横断的関心ごと自体の更新が行われなかったりで、思

いがけないリスクやリスクへの対応方法の認識のズレが発生しがちです。

　このような問題に対応する方法として、新規追加フィーチャーの作成前や既存フィーチャーの変更前に、関係者を集めて、そのフィーチャーおよびそれによるソフトウェアのリスクと対応方法を皆で考える時間を取ることをおすすめします。

主な利点

　新規追加フィーチャーの作成後や既存フィーチャーの変更後にリスク評価をして、根本的な問題が発生した場合、フィーチャーを修正するコストは膨大になります。また、リスクや対応方法の認識がずれている場合には、リスク評価で問題を発見することができません。隠れていたリスクは、顧客のもとで故障や問題として発生し、そこで初めて把握されます。

　これらは、開発前に関係者を集めて、そのフィーチャーおよびそれによるソフトウェアのリスクと対応方法を皆で考えることで改善できます。そして、開発前にリスクと対応方法を把握することで手戻りも抑制できます。また、開発チーム内でのリスクや対応方法の認識がそろうため、故障や問題を防ぐことも可能になります。

　加えて、反復的にフィーチャーを変更していくことにあわせて、繰り返し関係者全員を集めてリスクを考えることで、チーム全体でリスクやその対応方法に関する知見を貯めていくことが可能になり、短時間でより多くのリスクを考慮したソフトウェア開発を実現できます。

それを機能させる方法

　仕様ワークショップや開発の前に関係者を集めて、短時間でその開発に関するリスクを挙げていきましょう。そのとき、関係者を集める前から、各自が思いついた「リスクかもしれない」といったことを付箋や同時編集可能なドキュメントに書き出しておき、関係者が集まった際にそれらすべてを皆で見ていって、リスクであるか否かの判断や、その対応方法をどう考えるかの決定を行ってください。

　そのとき思いついたことが、その時点でチームが最大限に考えられるリスクであり、長時間集めても効果は高くありません。短時間で十分です。

　訳者が一緒に働いたチームでは、仕様ワークショップの際に合わせて、プロダクトマネージャーや開発者、テスターといった関係者全員、場合によってはカスタマーサポートの担当者や顧客と普段やり取りしている営業担当者も呼んで、リスクに関する議論を 30 分行っていました。

　その議論の前から Google Docs にリスク議論用のファイルを用意し、各自思いついたものをメモしておいて、議論の時間にそれらを皆で読んでいき、リスクの判断や対応方法をどう決定するのかを決めていました。

リスクは皆で考えよう

参考となる文献、資料

書籍

- 『Fifty Quick Ideas To Improve Your User Stories』Gojko Adzic、David Evans 著、Neuri Consulting 刊（2014）
- 『Domain-Driven Design: Tackling Complexity in the Heart of Software』Eric Evans 著、Addison-Wesley Professional 刊（2003）
  （日本語訳）『エリック・エヴァンスのドメイン駆動設計』今関 剛 監訳、牧野 祐子、和智 右桂 訳、翔泳社 刊（2011）
- 『How Google Tests Software』James A. Whittaker、Jason Arbon、Jeff Carollo 著、Addison-Wesley Professional 刊（2012）
  （日本語訳）『テストから見えてくるグーグルのソフトウェア開発：テストファーストによるエンジニアリング生産性向上』長尾 高弘 訳、日経 BP 刊（2013）
- 『More Agile Testing: Learning Journeys for the Whole Team』Lisa Crispin、Janet Gregory 著、Addison-Wesley Professional 刊（2014）
- 『Lessons Learned in Software Testing: A Context-Driven Approach』Cem Kaner、James Bach、Bret Pettichord 著、Wiley 刊（2001）
  （日本語訳）『ソフトウェアテスト 293 の鉄則』テスト技術者交流会 訳、日経 BP 刊（2003）
- 『Explore It!: Reduce Risk and Increase Confidence with Exploratory Testing』Elisabeth Hendrickson 著、Pragmatic Bookshelf 刊（2013）
- 『A Practitioner's Guide to Software Test Design』Lee Copeland 著、Artech House 刊（2004）
  （日本語訳）『はじめて学ぶソフトウェアのテスト技法』宗 雅彦 訳、日経 BP 刊（2005）
- 『The Checklist Manifesto: How to Get Things Right』Atul Gawande 著、Picador 刊（2011）
- 『User Story Mapping: Discover the Whole Story, Build the Right Product』Jeff Patton 著、O' Reilly Media 刊（2014）
  （日本語訳）『ユーザーストーリーマッピング』川口 恭伸 監訳、長尾 高弘 訳、オライリージャパン 刊（2015）

記事

- 「Simple Testing Can Prevent Most Critical Failures: An Analysis of Production Failures in Distributed Data-Intensive Systems」（Ding Yuan, Yu Luo, Xin Zhuang, Guilherme Renna Rodrigues, Xu Zhao, Yongle Zhang, Pranay U. Jain, and Michael Stumm, University of Toronto, from 11th USENIX Symposium on Operating Systems Design and Implementation, USENIX Association 2014）
  https://www.usenix.org/conference/osdi14/technical-sessions/presentation/yuan

有益な Web サイト

これらのリンクは、https://fiftyquickideas.com/ からすばやくアクセスできます。

- 「Fifty Quick Ideas discussion group」
  https://groups.google.com/forum/#!forum/50quickideas
- 「QUPER web site[訳注1]」
  http://quper.org
- 「Chaos Monkey Released Into The Wild」by Ariel Tseitlin（2012）
  http://techblog.netflix.com/2012/07/chaos-monkey-released-into-wild.html
- 「Improving Testing Practices at Google」a conference report on Mark Striebeck's presentation at XPDay 2009 by Gojko Adzic
  http://gojko.net/2009/12/07/improving-testing-practices-at-google
- 「The Forgotten Layer of the Test Automation Pyramid」by Mike Cohn（2009）
  http://www.mountaingoatsoftware.com/blog/the-forgotten-layer-of-the-test-automation-pyramid
- 「CWE/SANS TOP 25 Most Dangerous Software Errors」by CWE/SANS
  https://www.sans.org/top25-software-errors/

訳注1　2022年現在、Web サイトはすでに閉じられています。

著者について

Gojko Adzic

戦略的ソフトウェア・デリバリー・コンサルタントとして、野心的なチームと協力しながらソフトウェア製品とプロセスの品質を向上させている。Gojko は、2012 年 Jolt Award の最優秀書籍賞を受賞し、2011 年には最も影響力のあるアジャイルテストの専門家としてコミュニティで選ばれた。また、彼のブログは 2010 年に UK Agile Award の最優秀オンライン出版物賞を受賞している。問い合わせは、gojko@neuri.com または gojko.net まで。

David Evans

アジャイル開発での品質を専門とするコンサルタント、コーチ、トレーナー。戦略的なプロセス改善で組織を支援し、チームに効果的なアジャイル開発の実践をコーチしている。また、カンファレンスでの講演も頻繁に行っており、国際的な雑誌にいくつかの記事を掲載している。問い合わせは david.evans@neuri.com または Twitter：@DavidEvans66 まで。

Tom Roden

デリバリー・コーチ、コンサルタント、品質愛好家。チームや人々が繁栄するために必要な改善を行い、変化し続ける環境の要求に適応することを支援しており、アジャイルコーチング、テスト、変革を専門としている。問い合わせは tom.roden@neuri.com または Twitter：@TommRoden まで。

訳者について

山口 鉄平

　株式会社日立製作所でソフトウェア開発技術の研究開発と開発のコンサルティングをしたのち、ヤフー株式会社でアジャイル開発や自動テストの組織普及を経験。その後、個人事業主およびfreee株式会社にて、アジャイル開発における品質改善やコンサルティング、自動テスト基盤の開発運用を行っている。アジャイル開発における品質を得意とするプログラマー、コンサルタント、コーチ、トレーナー。ソフトウェア開発に関係するさまざまなイベントの企画、運営や発表など社外活動も行っている。共訳書としては、『Fearless Change アジャイルに効く　アイデアを組織に広めるための48のパターン』(丸善出版)。問い合わせはteppei.yamaguchi.work@gmail.comまで。

訳者謝辞

　岡澤裕二さん、高橋陽太郎さん、納富隆裕さんには翻訳レビューにご協力いただきました。皆さんのおかげで読みやすいものになったと思います。

　また、翻訳するきっかけとなった原著の読書会を行った、アジャイルテスト読書会の皆様や小山竜治さんにもお礼申し上げます。

装　　　丁　轟木 亜紀子（トップスタジオ）
D　T　P　株式会社 トップスタジオ
編　　　集　山本 智史

ソフトウェアテストをカイゼンする 50 のアイデア

2022年　9月20日　初版　第1刷発行

著　　者　Gojko Adzic
　　　　　（ゴ イ コ　ア ジッチ）
　　　　　David Evans
　　　　　（デイビッド エバンス）
　　　　　Tom Roden
　　　　　（ト ム　ロ ー デ ン）
訳　　者　山口 鉄平
　　　　　（やまぐち てっぺい）
発 行 人　佐々木 幹夫
発 行 所　株式会社 翔泳社（https://www.shoeisha.co.jp）
印刷・製本　日経印刷株式会社

本書へのお問い合わせについては、2ページに記載の内容をお読みください。

落丁・乱丁の場合はお取替えいたします。03-5362-3705 までご連絡ください。

ISBN978-4-7981-7606-2　　　　　　　　　　　Printed in Japan